LES

FLEURS

HISTORIQUES

PAR

MAURICE ALHOY & JULES ROSTAING

OUVRAGE ILLUSTRÉ

DE

QUATORZE PORTRAITS DE FEMMES

richement coloriés

D'APRÈS LES DESSINS DE LOUIS LASSALLE

PARIS

Mme Vve LOUIS JANET, LIBRAIRE-ÉDITEUR

59, rue Saint-Jacques, 59.

LYON. — IMP. ET LITH. DE VEUVE AYNÉ,
Grande rue Mercière, 44.

LES

FLEURS HISTORIQUES

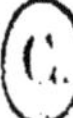

PARIS. — IMPRIMERIE BONAVENTURE ET DUCESSOIS
55, quai des Grands-Augustins.

HOA-TRANG

LES

FLEURS

HISTORIQUES

PAR

MAURICE ALHOY & JULES ROSTAING

OUVRAGE ILLUSTRÉ

DE

QUATORZE PORTRAITS DE FEMMES

richement coloriés

D'APRÈS LES DESSINS DE LOUIS LASSALLE

PARIS

Mme Vve LOUIS JANET, LIBRAIRE-ÉDITEUR

59, rue Saint Jacques, 59.

TABLE DES MATIÈRES.

FIN DE LA TABLE DES MATIÈRES.

LISTE DES VIGNETTES.

FIN DE LA LISTE DES VIGNETTES.

LE VASE DE FLEURS.

INTRODUCTION.

Je te le répète, Hélène, disait M. Adrien S*** à sa sœur, charmante et jeune veuve, ton amour pour les fleurs devient une passion dangereuse. En voici dans les vases de la cheminée, il y en a sur le guéridon, sur la console, tu portes un bouquet à ta ceinture, une guirlande orne tes cheveux. Fais au moins, je t'en prie, enlever ces deux nouvelles jardinières, autrement nous ne pouvons manquer d'être suffoqués par tous ces parfums.

—Mourir ainsi, mourir de ce que l'on aime serait une fin bien douce, mon frère.

—Fort belle, en effet... dans un roman. Permets que je trouve préférable de vivre longtemps avec ceux que je chéris. Voilà pourquoi je tiens prosaïquement à ce que nous échappions l'un et l'autre à l'asphyxie qui nous menace.

—Eh bien, je vais lever les stores, vilain bourru!

La jolie dame donna à l'air pur du dehors le plus d'accès

possible dans la pièce où se tenaient les deux interlocuteurs, puis elle reprit d'un ton boudeur :

—Êtes-vous satisfait, méchant égoïste?

—Oh! oh! les grosses injures!

—Vous mériteriez cent fois pis.

—Et pourquoi? parce que je ne partage pas ton admiration sans limites pour cette partie des végétaux plus ou moins colorée, odorante ou non, qui n'a d'autre utilité que de contenir des *étamines* et des *pistils*, d'autre mérite réel que de précéder les fruits.

—Vraiment, mon pauvre Adrien, tu parles, en ce moment, le langage d'un homme qui aurait toujours vécu au fond d'une cave. A t'entendre, on croirait que tu n'as jamais vu un bal, ni assisté à la moindre cérémonie religieuse, ou pris part à la plus petite fête de famille, car là, partout et sans cesse, tu aurais pu te convaincre que les fleurs n'ont pas seulement la mission de répandre ou de recevoir une poussière fécondante[1], mais que...

—Bien, bien... J'ai lu dans plus de cent préfaces, j'ai entendu débiter autant de fois sur un pareil sujet des choses semblables et d'autant plus admirables qu'elles étaient écrites ou débitées souvent par des gens qui peut-être ne savaient pas distinguer un pied-d'alouette d'une giroflée. Tiens, écoute :

« Fleurs! fleurs! admirables productions de la nature, vous « vous disputez l'amour des cieux et de la terre; vous seules « avez le don d'embellir l'amour même ; vous êtes l'emblème ou « plutôt l'idéal de la beauté et de la candeur! Heureuse l'âme « simple et naïve qui ne conçoit pas de plus douce occupation « que celle d'étudier le secret de vos infinies transformations, de « votre multiple magnificence! Vous parez le modeste vêtement « de l'ouvrière, vous ajoutez à l'éclat des plus riches bijoux. « La joie, la tristesse, les plaisirs, le travail, la religion, trou- « vent en vous d'inséparables compagnes. Nulle voix n'est plus « suave, plus consolante que votre langage lorsque vous inter-

[1] Le pollen.

« prêtez nos sentiments. Reconnaissantes, vous payez les soins « que nous vous donnons par le plus délicieux encens... O « fleurs!... ô fleurs!... »

Ce n'est pas plus difficile que cela, ma chère Hélène. Mais que prouvent toutes ces belles exclamations, sinon l'éloquence de celui qui les pousse et la nécessité de faire des préfaces.

—Cela prouverait bien encore, si je voulais discuter, que vous êtes un ingrat, mon frère.

—Moi, ingrat envers les fleurs?

—Oui, oui, et vous seriez le plus puni des hommes, si vous étiez condamné à vivre sans elles.

—Ah! s'il suffisait de me soumettre à ce léger châtiment pour rendre moins déraisonnable ton terrible enthousiasme, je m'estimerais au contraire le plus heureux du monde.

—Eh bien, veux-tu prendre l'engagement de ne tirer pendant huit jours ni profit ni plaisir de tout ce qui pourrait te rappeler qu'il existe des fleurs?

— J'y consens de grand cœur, non-seulement pour huit jours, mais pour un an, si tu le souhaites.

—Une semaine suffira, et si durant cet espace de temps tu ne regrettes point, au-delà de trois fois, d'avoir contracté une pareille obligation, je m'engage de mon côté à ne pas porter plus d'un bouquet par mois, et à donner congé à toutes mes bien-aimées hôtesses.

— Oh! c'est trop, beaucoup trop, je n'exige pas autant, et il me serait si facile...

—Calme tes scrupules, je suis moins généreuse que tu as la bonté de le supposer. Aussi, je ne te demande, dans le cas où l'épreuve me serait favorable, que de faire amende honorable.

—Réfléchis bien : la victoire m'est certainement assurée, et je serai sans pitié après le triomphe.

—Nous verrons qui de nous deux aura besoin de générosité.

—Souviens-toi que tu me mets au défi!

—Il me semble même que tu te laisses défier bien longtemps.

—Soit donc! j'accepte le traité; touche là!

—Voici ma main ; il n'y a plus à s'en dédire.

Adrien déposa un baiser sur la toute mignonne main de sa sœur. La convention était scellée. Puis, le premier, qui cultivait la peinture en amateur, reprit ses pinceaux, et la seconde fit de nouveau courir l'aiguille sur une merveilleuse broderie.

La journée s'écoula sans que M. S*** eût à se repentir d'avoir mis les fleurs au ban de ses besoins ou de ses plaisirs.

Le frère et la sœur allèrent passer la soirée chez les propriétaires d'une villa voisine. (M. S*** et la jeune veuve avaient alors fixé leurs pénates indépendants au sein d'une délicieuse maison de campagne qu'ils possédaient et possèdent encore à quelques kilomètres de Paris.)

Aux champs, on cherche à *tuer* le temps,—car bon nombre de mortels auxquels nous empruntons cette expression n'ont guère d'autre préoccupation, les pauvres gens!—aux champs, disons-nous, et surtout dans les *villas,* on s'efforce de *tuer* le temps à-peu-près avec les mêmes armes qu'à la ville. Aussi, la table et le jeu sont-ils là comme ici en grand honneur.

Le maître de la maison ne trouva donc rien qui pût être plus agréable à ses hôtes que de leur offrir des cartes. Il ne se trompait pas : le lansquenet, le whist et la bouillotte furent acclamés.

Au dehors, le ciel était bleu et constellé, la brise donnait une voix à chaque feuille, il y avait des senteurs embaumées dans l'air, du mystère derrière chaque massif de verdure, partout de la rêverie à élever l'âme jusqu'à l'infini ;

Au dedans on avait déployé un tapis vert, jeté sur les tables quelques paquets de petits cartons affreusement enluminés ;

Au dehors tout était amour, on y eût aimé malgré soi ;

Au dedans tintait l'or, cette cause de tant de haines, l'or que l'on allait se disputer, l'œil ardent, la poitrine oppressée, les mains fiévreuses, le cœur hostile :

Pas une voix ne demanda grâce ; peut-être pas une pensée ne s'envola du dedans au dehors.

Il fallait bien *tuer* le temps.

De tous côtés on battit les cartes.

La fortune se déclara contre M. S***, et il ne tarda pas à avoir épuisé son porte-monnaie. Notre personnage n'aimait pas à jouer sur parole ; c'était une superstition, nous étions presque tenté de dire une vertu. Il s'approcha de sa sœur qui, tout en mêlant un jeu d'écarté, probablement pour ne pas se poser en exception, soutenait qu'aucune fleur ne ressemble à l'atroce chose que tient à la main la dame de carreau.

Adrien se pencha à l'oreille de sa sœur, et dit à demi-voix :

—Ma chère Hélène, je suis entièrement *décavé*, prête-moi quelques fonds.

—Je n'ai point songé, répondit celle-ci, à garnir ma bourse, et je ne pourrais guère t'offrir que deux louis.

—Je m'en contenterai ; j'ai acheté assez cher, ce soir, le droit d'être prudent pour que personne ici ne m'accuse de parcimonie.

Les deux pièces d'or avaient déjà glissé à moitié dans la main impatiente de M. S***, lorsque Hélène les retint du bout de ses doigts roses et effilés.

—Il est impossible, reprit-elle, que tu joues avec cet or.

—Te serais-tu aperçu que c'était de la fausse monnaie?

—Oh ! nullement...

— Eh bien?

—Regarde : que vois-tu sur le revers des louis que j'avais l'imprudence de te prêter?

—J'y vois... eh parbleu ! j'y vois les anciennes armes de France.

—Et au milieu des anciennes armes de France ne remarques-tu rien?

—Absolument rien que trois fers de lance.

—Ou *fleurs de lis*, mon frère ! Le lis, tu le sais, fut consacré à la France sous les rois de la première race. Le bouclier royal était d'abord semé d'une multitude de fleurs de lis, puis Charles V réduisit leur nombre à trois. Je garde donc ces deux louis dont tu ne saurais tirer aucun profit ni plaisir sans manquer à ton engagement, car ils viennent de te rappeler la méprisable existence des fleurs.

—Oh! tu abuses d'une circonstance...

—J'use de mes droits, voilà tout.

—Ainsi, tu me condamnes au cruel tourment de voir jouer les autres après avoir perdu?

—Tu peux détourner le supplice que tu redoutes : exprime un regret.

—Allons, j'aurais mauvaise grâce à te refuser cette petite satisfaction. Je perds une chance, c'est convenu. A l'avenir je prendrai garde à ne toucher nos revenus qu'en monnaies républicaines.

Adrien, possesseur des deux louis qui lui coûtaient le tiers d'une victoire dont il était certain, courut reprendre sa place au lansquenet.

Le lendemain, Adrien et Hélène furent surpris au milieu de la campagne par un gros orage. Aucun abri ne se présentait à eux, et l'une n'avait à opposer aux cataractes célestes qu'une fragile ombrelle, l'autre qu'un foulard dont il se fit assez philosophiquement une utile éponge. Il résulta de cette mésaventure qu'ils se trouvèrent tous deux fort enrhumés. M. S*** se contenta de déblatérer, en toussant, contre les promenades champêtres, ce qui augmenta son mal; la jeune femme se résigna à prendre trois ou quatre tasses de tisane, et fut bientôt guérie.

Au bout de deux jours, Adrien se vit sérieusement menacé d'une extinction de voix qui allait lui enlever la consolation de se plaindre. Alors, il s'humanisa et pria sa sœur de lui faire préparer quelque calmant.

—Veux-tu, demanda-t-elle, que j'envoie Catherine acheter des sucres-d'orge?

—Des sucres-d'orge!... Ne connais-tu rien de plus efficace pour les rhumes? Tu ne t'es point traitée, je crois, avec des sucres-d'orge?

—J'ai bu de la tisane, et je m'en suis fort bien trouvée.

—M'en trouverais-je moins bien, moi?

—Non certainement.

—Fais-m'en donc donner au plus tôt, je te prie, une grande tasse.

—Oh ! tu serais homme à ne me le point pardonner.

—Je ne te pardonnerais pas d'être complaisante pour moi ?

—D'être complaisante à ce point, oui.

—Cessons de railler, ma sœur.

—Je ne plaisante en aucune façon.

—J'ai l'estomac déchiré, le nez rouge et les yeux enflés.

—Prenez du sucre-d'orge, mon frère!

— Non, non, je préfère boire de cette tisane dont vous vous êtes si bien trouvée.

—Es-tu décidé à payer cette boisson le prix qu'elle vaut?

—Que me coûtera-t-elle donc?

—Un second regret, cher frère, car c'est au précieux suc d'une petite fleur que je dois d'avoir conservé la pureté de ma voix, et de ne point te montrer un nez enflé et des yeux rouges... Oh! par charité pour toi-même, Adrien, regarde-toi dans cette glace : tu as un visage épouvantable, même au jugement d'une sœur ; que serait-ce donc si tu te présentais devant une de ces jolies dames auxquelles tu offres assez volontiers tes nombreux hommages? Mieux vaudrait mille fois que l'on te surprît un sucre-d'orge à la bouche.

—Ma sœur, ma sœur, vous êtes un démon de ruses, et moi je suis très-enrhumé. Je paierai votre tisane ce qu'il vous plaît de me la vendre.

—Et de deux! mon pauvre frère.

—Oh ! oh ! ne me tenez pas encore pour entièrement battu. Faute d'un point, bien des joueurs ont perdu la partie.

Grâce à cette nouvelle concession, une infusion de *mauve* rendit à M. S*** tous les avantages physiques dont il avait, auprès d'un assez grand nombre de dames, appris à connaître la valeur par les gracieusetés, les petites préférences, les priviléges légers qu'on lui accordait.

Adrien attachait un grand prix à de telles faveurs. Dieu nous garde de lui en faire un reproche! et il s'efforçait de les mériter au moyen d'attentions, de prévenances délicates. Il avait ainsi acquis une réputation d'homme aimable, réputation fragile comme toutes les autres, et qu'un rien pouvait détruire. Ce rien-là se trouva tout-à-coup suspendu au-dessus de la tête de M. S*** d'une façon non moins menaçante que l'était l'épée de Damoclès; voici comment : Adrien reçut une lettre de Paris qui le conviait à un grand dîner destiné à fêter le jour de sainte Rosalie, patronne de la meilleure amie d'Hélène. A la lecture du billet notre héros sentit un frisson; il communiqua l'invitation à la jolie veuve, et courut s'enfermer chez lui.

Vous avez déjà deviné la cause du trouble de M. S*** : le bouquet traditionnel était apparu au malheureux comme le signe d'une défaite presque inévitable, car seul, entre tous, se soustraire à une obligation acceptée, reconnue depuis des siècles, eût été commettre un crime de lèse-galanterie qu'on ne pardonnerait certainement pas.

Trois heures durant, Adrien mit son esprit à la torture pour imaginer un bouquet sans fleurs. Il en composait mentalement avec des épis, des herbes, des feuilles, des branchages; puis il se dépitait en reconnaissant que ses plus belles compositions ressemblaient simplement tantôt à un mauvais fagot, tantôt à une botte de foin vert, toutes choses que l'on n'a guère l'usage d'offrir à une dame le jour de sa fête, ni aucun jour de l'année que nous sachions.

M. S*** comprit qu'il avait souscrit à un engagement de dupe en acceptant le traité proposé par Hélène, et se rappela un peu tard qu'une femme seule pouvait lutter de ruse contre une autre femme. Il eut alors le double esprit de s'avouer qu'il en avait manqué par hasard, et de publier le fait tout haut afin qu'on ne le répétât point tout bas.

Il se hâta donc de déposer bravement sa soumission aux pieds d'Hélène, et confessa humblement que les fleurs, ainsi que le disaient les préfaces, se trouvent partout mêlées à la vie humaine dont elles font l'ornement et la consolation, qu'elles sont à la terre ce que les étoiles sont au ciel, ce qu'un doux sourire est à un beau visage.

. . . .

Or, ce que vous venez de lire nous était, à quelques épithètes près, que nous avons ajoutées peut-être, raconté par Mme Hélène D*** elle-même, en présence de son frère et dans l'agréable maison de campagne où l'événement avait eu lieu.

—Mon récit, reprit notre aimable hôtesse en s'adressant à nous personnellement, ne pourrait-il point servir d'*introduction* à un livre auquel mes protégées serviraient de sujet et d'ornement.

—Sans doute, mais...

—Cette modeste narration prouverait peut-être quelque chose comme *avant-propos*. Qu'en penses-tu, Adrien?

—Oui, oui, répondit le vaincu dont la conversion laissait encore un peu à désirer, si *le sujet* n'était pas tout-à-fait épuisé.

—Oh ! mon frère, quoiqu'il y ait bien des siècles que la main du Seigneur a semé les fleurs sur la terre, est-ce que leurs parfums sont moins doux?

—Aussi, fera-t-on fort sagement, continua notre incorrigible ami, de tirer d'elles toutes sortes d'essences; pour des livres, c'est une autre affaire !...

La sœur de M. S*** désigna un magnifique vase dans lequel trempaient plusieurs plantes de différentes espèces, et elle ajouta :

—Il y a là, cependant, un volume tout entier.

—La baguette d'une fée serait assurément nécessaire pour l'en faire sortir !

—Il suffirait d'une plume pour écrire les confidences de ces quinze ou vingt fleurs. Puis, se tournant une seconde fois vers nous : —N'êtes-vous point curieux, dit-elle, d'interroger mes petites pensionnaires?

—Si, vraiment.

—Que veux-tu qu'on leur demande?

—Mais... de l'histoire, par exemple.

—Oh! oh! des fleurs savantes!

—Pourquoi non? Les aïeux de ce lis ont habité le palais de nos plus anciens rois; dans cette marguerite je reconnais l'image d'une reine de France; ces deux roses me rappellent une guerre qui a duré trente ans; cette églantine murmure le nom de Clémence Isaure; ces violettes se cachent toutes honteuses du rôle politique qu'elles ont joué un jour, les pauvrettes! Il n'en est pas une enfin qui ne pût répondre à ma curiosité.

Adrien ne répliqua pas, et la conversation se trouva brusquement déplacée, nous ne savons par quel incident.

Quelques heures plus tard, le vase et les fleurs, qui nous avaient suivi de près à Paris, étaient triomphalement placés sur notre bureau.

Docile au judicieux conseil de notre belle et spirituelle Égérie, nous avons tour-à-tour questionné les nouvelles conteuses. Chaque réponse était une *anecdote historique* que la rose narrait avec orgueil, la violette avec modestie, la campanule ou clochette avec volubilité, et le myosotis en nous répétant « Ne m'oubliez pas. » Dans chacun de ces petits drames, quelque ancêtre des unes ou des autres avait joué un rôle. Nous avons donné place à tous les récits, accueillant parfois une simple historiette à la suite d'un chapitre d'histoire, et nous bornant à traduire le langage mystique de nos charmantes amies, car vous savez qu'elles possèdent un idiôme presque universel, un idiôme duquel le mensonge est proscrit. A défaut d'autres qualités, notre ouvrage aura donc le mérite de ne contenir en tout, et toujours, que les faits les plus véridiques.

Louis Lassalle del.

JEANNE DE TOULOUSE.

Paris. Imp. Godard Q. des Augustins 55

LES MARGUERITES

OU

LES LÉVRIERS DU ROI.

Elle t'aime... un peu... beaucoup... passionnément... pas du tout... un peu! »

Et l'oracle se tut.

Avons-nous besoin de nommer l'augure qui venait de parler ainsi? Déjà vous vous êtes représenté un jeune homme au front rêveur, ou bien une belle demoiselle à l'œil doux et langoureux, arrachant un à un les pétales oblongs, et interprétant le langage d'une blanche marguerite.

La première de ces deux images est la vraie.

Or, cela se passait il n'y a guère moins de six cents ans. Le curieux qui, bien probablement, faisait avant tous murmurer la voix prophétique des marguerites, ces pythonisses parmi les fleurs, était roi de France, et on l'appelait *le Bon, le Pieux,* en attendant que l'histoire remplaçât par une épithète glorieuse le chiffre chronologique qu'elle attache au nom de chaque monarque. Donc, le roi Louis IX, après avoir détaché le dernier rayon d'une de ces fleurs qui, sur le ciel vert des prairies, ressemblent à de petits soleils, venait d'obtenir la réponse à peine satisfaisante : « un peu ! »

« Mais...—c'est une objection qu'il nous semble entendre— mais, tels ne sont pas d'ordinaire jeux de prince. Est-il vraisemblable que le vainqueur des Anglais à *Taillebourg*, que l'auteur de ces lois pleines de sagesse et d'équité désignées sous le nom d'*Établissements de saint Louis*, que le royal justicier dont un chêne ombrageait le tribunal dans le bois de Vincennes, que le héros plus intrépide qu'heureux des quatrième et cinquième croisades se soit livré à la futile occupation de babiller avec des marguerites, et d'effeuiller de pauvres petites fleurs. »

On se méprendrait étrangement, répondrons-nous, si l'on se figurait Louis IX, ainsi que nous le montrent quelques estampes du temps ou certains vitraux, c'est-à-dire toujours raide, gourmé, revêche, coiffé d'une assiette d'or ou du *bandeau des rois ;* si, en ne le regardant qu'avec les lunettes de l'historien classique, on le voyait à toute heure régnant, jugeant, conquérant, légisférant. Après avoir été législateur, guerrier, juge et roi, il trouvait encore, Dieu merci, le temps d'être homme, père ou époux. Son cœur alors s'ouvrait pendant quelques instants aux douces illusions, aux charmantes superstitions, aux chagrins, aux doutes de la tendresse. Ce fut dans un de ces instants que, comme on sait, il adopta pour devise une marguerite et des lis, par allusion au nom de la reine, sa femme, et aux armes de France. On verra d'ailleurs, par la suite de ce récit, que le fils de Louis VIII déployait pour l'accomplissement de ses plus sérieux desseins beaucoup de cet esprit gaulois que vous ne pouvez manquer, très honoré lecteur ou très-aimable lectrice, de posséder à un haut degré.

Revenons au roi que l'oracle des champs, inhabile aux mensonges de cour, n'avait nullement flatté.

Louis baissait la tête et répétait d'un ton dolent : « Un peu ! elle ne m'aime qu'un peu ! » lorsqu'une ombre humaine se dessina sur le sol où scintillait un rayon de soleil. Comme toute ombre prouve la présence d'un corps, le roi leva les yeux pour reconnaître si ce corps était celui d'un ami, d'un ennemi, ou simplement d'un importun, et tout aussitôt il laissa échapper cette exclamation plus que bienveillante :

— Ah ! sire comte de La Marche, j'ai grande joie de votre retour.

—Seigneur roi, un tel accueil me rendrait le plus fier homme du monde entier, répondit le comte d'un ton assez familier et en saluant avec plus de grâce que d'humilité, si Votre Altesse [1] ne m'avait pas accoutumé à ses gracieusetés !

—Vous méritez que nous vous affectionnions, car vous êtes non-seulement nôtre par l'épée, mais aussi par le cœur, car vous partagez non-seulement nos travaux et fatigues, mais encore vous compâtissez à nos soucis et chagrins.

Le roi soupira.

—Sire, reprit de La Marche, vous semblez malcontent.

—Oui, j'ai l'âme triste aujourd'hui. Tout heur m'abandonne, car depuis huit grandes journées je n'ai point vu la reine Marguerite, et cette douce fleur, son image, à laquelle je demandais une bonne et consolante parole, vient de me répondre que l'amitié de ma chère femme diminuait. Comte, je ne suis plus aimé qu'un peu ! La fleur l'a dit.

—Assurément la fleur a menti, seigneur roi. Vous aviez, s'il m'est permis de parler ainsi, mal choisi votre confidente. Quelle vérité pouviez-vous attendre en effet d'une fille qui s'est donnée comme celle-ci au démon ? Regardez à quel vilain insecte appartenait le cœur de la malheureuse, ce cœur qu'elle eût dû conserver toujours pur.

Le comte fit, avec le bout de l'ongle, sortir du disque de la marguerite consultée par le roi un petit scarabée.

Les courtisans ont parfois des yeux de lynx.

Louis poussa un cri de joie. Il est si doux de trouver à con-

[1] Jusqu'au règne de Louis XI, les rois de France ne prirent que le titre d'Altesse. Ce prince fut le premier qui reçut celui de Majesté.

damner qui nous a déplu. Non pas cependant que le jeune monarque fût rancunier, mais il détestait en général les menteurs, et trouvait surtout fâcheux d'être leur dupe. On en conviendra, l'occasion était belle pour se réjouir d'avoir échappé à l'imposture la moins pardonnable.

—Messire, vous avez raison, continua-t-il, nous avions indignement placé notre confiance ; et vous êtes bien notre ami, vous qui nous l'avez démontré.

—Tenez, Sire, interrogez cette autre marguerite qui cache là-bas son immaculée couronne sous une touffe d'herbe ; voilà bien la véritable image de la reine, votre épouse, et vous recevrez plein contentement de si charmante et modeste fleur.

Le roi suivit le conseil de son courtisan, et, cette fois, la marguerite laissa tomber avec son dernier pétale le mot plein d'espoir : « beaucoup ! »

Le comte de La Marche était dans un de ses jours de bonheur. Il avait deviné que la fleur deviendrait complice du désir qu'il avait de plaire.

Louis, qui n'avait jamais accordé pareille grâce, même à son grand et bon ami le comte Thibauld de Champagne, embrassa l'adroit seigneur, et il poursuivit :

— Ah ! mon cher comte, je serais tout-à-fait aise et réjoui si je pouvais maintenant contempler, pendant un moment, l'agréable visage, et ouïr la voix consolante de ma bien-aimée épouse.

—Auriez-vous, seigneur roi, fâché Madame Marguerite, et se tiendrait-elle par mauvaise humeur ou ressentiment éloignée de vous ?

—Vraiment, il n'en est point ainsi ; mais je ne saurais faire un pas pour me rapprocher d'elle, que je ne rencontre aussitôt sur mon passage ma très-vénérée mère, et je suis obligé de m'en revenir tout contrit.

—Le Créateur-Dieu n'a-t-il donc point mis vingt-quatre heures dans la journée pour que nous puissions vingt-quatre fois recommencer les choses difficiles ?

—Toutes les heures me sont défavorables en ceci, et il faut bien assurément que monseigneur Saint-Jacques instruise Madame Blanche de nos moindres actions et desseins.

Le comte se frotta longtemps l'oreille d'un air méditatif, ce qui devait signifier qu'il croyait médiocrement à l'intercession de monseigneur saint Jacques, puis il reprit :

—Vous plaît-il, Sire, que nous nous rendions ensemble au logis de la reine votre femme?

—Il me plairait grandement d'arriver jusqu'à elle, mais je suis las et marri de n'y point réussir.

—Le ciel prête assistance à ceux qui s'aident courageusement. Tentons l'entreprise; si le succès trompe nos efforts et trahit encore votre espoir, nous verrons à vous rendre plus doux monseigneur saint Jacques.

—Allons, je le veux bien, et que madame sainte Geneviève nous protége.

Louis IX et le comte se dirigèrent vers la partie du palais habitée par la jeune reine.

A peine eurent-ils franchi le seuil de la première porte qui donnait accès dans le logement de Marguerite, que des aboiements furieux, des hurlements de douleur se firent entendre.

—Qu'est-ce là? demanda de La Marche.

—Rien.

—Comment, rien! n'entendez-vous point, Sire, ce bruit de damnés?

—Ce sont mes lévriers qui crient ainsi au fond de leur chenil.

—Et pour quelle raison font-ils un pareil vacarme?

—Je l'ignore. Sans doute, ils obéissent à leur naturel bruyant, car je ne suis pas entré une seule fois ici sans les entendre japper aussitôt de la plus formidable manière.

De La Marche se frotta de nouveau l'oreille; les chiens du roi lui semblaient doués d'un naturel bien singulier. Il s'étonnait surtout de ce qu'on eût logé d'aussi méchantes bêtes dans le voisinage de l'habitation réservée à la reine Marguerite.

La brusque apparition de Blanche de Castille coupa court aux réflexions du comte.

Bien que la veuve de Louis VIII, surnommé *Cœur-de-Lion*, eût alors perdu le titre de régente, elle conservait une grande autorité à la cour ; de plus elle exerçait, comme mère, une espèce de despotisme sur l'esprit de Louis IX, despotisme d'autant plus lourd que l'affection de Blanche était allée souvent et descendait encore parfois jusqu'à l'égoïsme, jusqu'à la jalousie[1], pour s'élever tout à coup, ensuite, à la hauteur de la plus surhumaine abnégation[2].

—Où se dirigent vos pas, mon cher fils? demanda l'ex-régente.

Louis rougit et répondit :

—Vers ma gracieuse épouse Marguerite.

—Notre jeune reine n'a nul besoin de vous, tandis que le royaume attend tout de vos soins. Sacrifieriez-vous le bonheur de vos sujets à l'unique satisfaction que vous désirez?

-Eh ! ma mère, j'ai moi-même distribué aujourd'hui la nourriture aux six-vingts pauvres qui, en quelque lieu que je me trouve, sont toujours repus dans ma maison.

—Il ne suffit pas d'être compatissant aux souffreteux.

—J'ai aussi médité les *heures du jour* et *les heures de Notre-Dame*.

—Vous avez saintement agi. Mais avez-vous résolu de quelle façon vous répondriez à votre cousin de Courtenay, touchant la proposition qu'il vous a faite.

—Non, ma vénérée mère, pas encore. Cette affaire est difficile à bien terminer, et le ciel m'a refusé jusqu'à présent les lumières nécessaires pour arriver à la double solution que je souhaite ardemment.

[1] Ayant un jour aperçu une dame qui allaitait le dauphin, Blanche saisit l'enfant avec colère, et le força, au moyen des doigts, à rejeter le lait qu'il avait encore dans la bouche.

[2] Sa piété et sa tendresse maternelle étaient telles qu'on l'entendait, rapporte Joinville « dire souventes fois que mieux elle aimeroit voir ses fils morts que coupables de péché mortel. »

—Pensez-vous les trouver auprès de Madame Marguerite?

—Je ne sais.

— Oh que vraiment si ; vous connaissez bien qu'elle n'est nullement habile à vous éclairer en de sérieuses occasions.

—Ce que je connais mieux, chère mère, ajouta le roi plus bas et en baissant les yeux, c'est que ma douce épouse m'aime beaucoup... Mon absence doit donc l'affliger, et lui rendre douteuse la tendresse extrême que je ressens moi-même.

Louis ne pouvait invoquer un plus mauvais argument. Les lèvres de la reine-mère pâlirent ; elle se tut pendant un instant afin de comprimer le dépit et la douleur qu'elle ressentait de ne plus occuper le cœur tout entier de son fils, de ne posséder peut-être même dans ce cœur qu'une place secondaire.

—Estimez-vous, Sire, reprit Blanche, que je vous chérisse moins que la reine Marguerite ?

—Tous les bienheureux élus du paradis me seraient témoins du contraire.

—Mes conseils vous deviennent-ils fâcheux?

—Vous êtes toujours mon meilleur guide.

—Obéissez-moi donc, et *venez vous-en, car vous n'avez rien à faire ici*[1]. Allez, allez. Vous reviendrez lorsque vous aurez mené à bonne fin votre négociation avec l'empereur Baudouin; cela vaudra mieux que d'écouter les folles et oiseuses paroles de votre épouse, et que de perdre votre temps à soupirer d'amour ici dedans.

Louis n'osa pas résister, courba le front, et s'éloigna suivi du comte qui avait les oreilles rouges comme du corail, tellement il tourmentait ces deux importantes parties de son individu.

En vérité, il fallait ce jour-là bien peu de chose pour étonner le courtisan : il avait trouvé extraordinaire que les lévriers du roi aboyassent, et, maintenant, le silence qu'ils gardaient depuis que Blanche de Castille s'était montrée lui paraissait non moins surprenant.

[1] Paroles citées dans les chroniques.

De La Marche était le gentilhomme du royaume le plus curieux. Il ne put résister à la tentation de voir des animaux que le flair seul avertissait du passage du roi, pour lequel ils criaient si bravement, et qui avaient l'instinct de rester muets aussitôt que la reine-mère entrait en conférence avec son fils. Il laissa donc Louis se retirer tout pensif, et prit, après deux ou trois détours, le chemin du chenil.

A l'aspect du comte, les lévriers se couchèrent en tremblant, allongèrent entre les pattes de devant leur museau effilé, et firent entendre un grognement doux et plaintif.

De La Marche caressa les élégants quadrupèdes, qui lui donnèrent les preuves d'une grande douceur et ne justifièrent en rien le caractère tapageur dont le roi avait parlé. Notre gentilhomme, qui, on le sait, possédait d'excellents yeux, remarqua cependant sur la fine robe des lévriers les traces récentes de coups de lanière. Il se trouva pris alors d'une commisération subite pour les pauvres chiens, et voulut savoir pourquoi ils avaient été ainsi battus. Le comte appela le valet chargé de veiller sur le chenil, et, sans doute, afin de donner au manant l'exemple de la charité que l'on doit aux créatures humaines, il lui mit dans la main deux livres parisis.

—Voilà de fort belles bêtes, dit-il ensuite, mais sans doute très-insoumises et difficiles à gouverner?

—Oh! point, gracieux seigneur, elles n'ont pas plus de fiel que des agneaux.

—Les *pastours* ne sont pourtant pas accoutumés à conduire leurs troupeaux avec un fouet semblable à celui que tu portes autour du cou.

—Oui, oui, mais ce n'est pas pour le châtiment de mes enfants (car j'aime ces intelligents animaux comme tels) que je porte ce fouet, et je le redis, ils sont sages et affables. A cause de quoi j'ai le cœur plus déchiré et plus saignant que leur délicate peau, toutes fois que je suis obligé de les fustiger, ainsi que j'en ai reçu le commandement.

Un trait de lumière parut traverser l'esprit du comte, et le courtisan faillit, par un geste de trop brusque satisfaction, s'arracher le bout de l'oreille. Il réfléchit pendant quelques minutes, et ajouta :

—Console-toi, mon pauvre ami, les coups que l'on t'avait chargé d'administrer aux chiens du roi étaient une pénitence, et la pénitence est finie.

—Une pénitence !... Ah ! je vois maintenant ce qui était obscur pour moi. Ils avaient donc commis un grand crime ?

—Il est vrai que oui, mais le roi leur pardonne.

—Et je n'aurai plus charge de malmener mes chers enfants comme auparavant ?

—Sans doute. Voici en signe que cet office est achevé, et afin aussi de te consoler de la peine que tu as éprouvée, quatre autres parisis.

Le valet des chiens détacha la terrible lanière qui lui formait un collier, et la jeta par-dessus un mur, car il ne soupçonna nullement la sincérité d'un noble seigneur, ami du roi, et dont les paroles avaient un poids égal à celui de six belles livres parisis.

Quant au comte, il se mit en quête de Louis IX, qu'il retrouva la tête entre les mains dans un petit cabinet attenant au logement royal.

—Sire, s'écria de La Marche sans tenir compte de l'étiquette, chantez Noël, monseigneur saint Jacques ne sera plus contre vous, et vous pourrez désormais entrer chez Madame Marguerite aussi librement qu'ailleurs.

—Si la nouvelle que vous m'apportez, messire, est vraie, je vous en récompenserai tant que *la coupe ne sera point mienne mais vôtre*[1]. Comment, toutefois, donner créance à ce que vous dites, et croire que vous soyez instruit de la bienveillance du grand saint Jacques en notre faveur ?

[1] Dans cette expression souvent employée par Louis IX, le mot COUPE devait être synonyme de TRÉSOR. En effet, c'était dans des coupes d'or que les princes avaient alors coutume de faire des libéralités à leurs sujets après que les hérauts avaient crié : Largesse !

—Vous êtes le maître, seigneur roi, de vous assurer à cette heure même que je ne mens point.

—Ainsi ferai-je bientôt. Pour le temps présent, il faut suivre le conseil de notre chère mère, et songer de quelle façon nous répondrons à la proposition de l'empereur de Constantinople.

Vous savez que, pressé d'argent, notre cousin Baudouin de Courtenay a mis en gage, chez de riches-hommes vénitiens, une couronne d'épines qu'il affirme être la véritable : il offre aujourd'hui de nous céder, moyennant rachat, cette précieuse relique. Comprenez-vous, sire comte, notre perplexité ?

De La Marche, cet esprit fin et original, eût probablement été un habile homme en matières politiques et religieuses s'il eût voulu ; mais le comte n'y avait pas songé. Il essaya cependant de paraître aux yeux du roi d'autant moins ignorant sur cela qu'il l'était davantage, et répondit du ton le plus assuré qu'il put prendre :

—Certainement, Sire, je comprends votre perplexité, car... je me sens aussi perplexe que Votre Altesse.

—Ce n'est pas sans doute par cette faible raison que nos vénérés prélats de Saint-Denis prétendent détenir la même relique.

—Eh ! eh ! Sire... si les prélats...

—Et non, non : ils peuvent se tromper involontairement.

—Oh ! oh ! Sire, si les prélats se trompent...

—Eh bien, j'accepte l'offre de Baudouin. En effet, qu'adviendra-t-il si je fais l'acquisition qu'on me propose ?

—Il adviendra... que Votre Altesse possédera les deux couronnes dans son royaume.

—Bien vraiment oui, et lorsque je posséderai les deux couronnes, je serai doublement assuré d'avoir la vraie relique.

Le comte approuva d'un geste respectueux.

—Un scrupule, hélas ! me retient empêché pour terminer cette négociation. Vous pensez, messire, quel il est sans contredit ?

—Ah ! ah ! dit prudemment le comte, et en regardant voler les mouches, comme s'il eût, en ce moment, envié leur folle liberté, c'est là un... gros empêchement.

—Vous parlez bien : je ne saurais accomplir le marché qu'on me propose sans commettre un acte de *simonie*, acte coupable puisque les saintes lois défendent de trafiquer des choses sacrées... Par quelle voie sortir de peine? Prêtez-nous, messire, l'assistance de votre éclairé jugement.

—Moi, Sire, je juge absolument comme Votre Altesse : la simonie est... un acte coupable.

—Aussi, l'empereur de Constantinople met-il, par son offre, notre esprit en une douloureuse indécision.

—Hélas! oui, soupira de La Marche.

Le roi continua :

—Puissent les cieux pardonner à Baudouin le trafic *simoniaque* auquel il s'est livré!

—Que l'empereur ne s'est-il contenté de vous faire présent de la sainte Couronne, au lieu de la mettre en gage et de vouloir vous la vendre!

Louis IX frappa avec joie ses mains l'une contre l'autre en s'écriant :

—Ah! je vous suis grandement obligé, sire comte, vous venez de me tirer d'un profond ennui.

Certes, le courtisan n'aurait pas été plus surpris si on lui eût dit que sa taille avait tout-à-coup grandi de cent coudées. Il promena autour du cabinet des regards effarés afin de s'assurer qu'il n'y avait pas là un autre comte auquel pouvait s'adresser l'apostrophe royale.

Un fin sourire errait sur les lèvres du roi. Louis ajouta :

—Vous êtes un habile conseiller, de La Marche. Voilà qui est conclu : notre cousin nous transmettra à titre de cadeau, *gratuitement* enfin, la vénérable relique, et nous, par pure amitié, ce faisant *gratuitement* aussi, acquitterons les dettes de l'empereur. De la sorte, il n'y aura plus entre nous que simple échange d'affectueux procédés, sans nulle vente ni aucun achat, et par conséquent sans *simonie*. Ai-je bien compris cela comme vous l'entendiez, messire?

—Oh ! Sire, vous avez fait davantage que de comprendre, répondit modestement le comte, qui avait assez d'esprit pour ne point s'approprier celui des autres, vous avez seul imaginé le meilleur et le plus admirable biais.

Soit que Louis IX voulût accorder au courtisan qu'il affectionnait une marque d'estime et de considération délicate, soit qu'il crût réellement lui avoir dans cette circonstance quelque obligation, il reprit :

—Le malheur des princes est d'être loué au-delà de leurs mérites ; ne me flattez donc point aux dépens des vôtres. A cette heure, nous pouvons essayer encore de visiter Madame Marguerite. Allons.

Le roi, cette fois, ne rencontra point, ainsi que de coutume, Blanche de Castille errant sur la route qui conduisait aux chambres de la jeune reine. Un instant plus tard, il se trouvait enfin assis aux côtés de cette douce princesse, qui, au dire des contemporains, « était belle de visage et plus belle de foi. »

Nous laisserons Louis IX goûter, au milieu des dames d'honneur presque étonnées de sa présence, les douceurs d'une entrevue qu'il souhaitait depuis si longtemps. Imitons le comte de La Marche, qui, après une absence d'un mois, recueillait maintenant dans le palais les nouvelles les plus fraîches.

Voici ce que le courtisan apprit :

Malgré les prières de Blanche, les représentations même de quelques princes du clergé, le roi paraissait de plus en plus désireux d'accomplir le vœu qu'il avait fait au sortir d'une longue maladie. Il avait, par ce vœu, pris l'engagement d'aller en Terre-Sainte combattre les ennemis de la religion chrétienne, répondant ensuite à tous ceux qui cherchaient à le détourner d'un pareil dessein : « *Il faut défendre la foi non pas seulement de paroles, mais à bonne espée tranchant.* »

Déjà Louis IX avait ordonné qu'on publiât cet avertissement :

« Que les hommes pieux, seigneurs et autres, qui voudront prendre la croix et suivre le roi aux pays saints le déclarent hautement, et ils obtiendront toutes faveurs. Ils sont avertis de se préparer, selon que de coutume, à ce long voyage, c'est-à-dire réparer le tort que chacun pourroit avoir causé à son voisin, restituer les biens envahis ou usurpés, soit sur les églises, soit sur les particuliers, pour la décharge de sa conscience. Les châtiments seront remis aux coupables, et d'amples récompenses octroyées aux justes. »

Ces promesses n'avaient séduit qu'un très-petit nombre de personnes, et les seigneurs qui formaient la cour de Louis IX n'avaient pas répondu avec plus d'ardeur que les autres à l'appel royal.

On commençait donc à croire généralement que le roi céderait à tant de résistances.

Le comte de La Marche ne sembla point partager l'opinion commune, justement peut-être parce que c'était l'avis de tout le monde. Suivant l'ordre qu'il en avait reçu, il alla attendre que Louis sortît de l'appartement de Madame Marguerite. De La Marche n'avait pas fait la moitié du chemin, qu'il vit la reine-mère venir à lui.

—Sire de La Marche, demanda celle-ci impérieusement, où est le roi?

—C'est une chose, Madame, répliqua discrètement le comte, que je ne saurais affirmer de peur de me tromper.

—En quel endroit l'avez-vous laissé? en quel lieu devez-vous le rejoindre, scrupuleux seigneur?

Il était impossible à de La Marche d'éluder encore la question. Il n'osa pas mentir, car Louis n'eût point pardonné un mensonge fait à sa mère.

— Madame, avoua le courtisan, j'ai quitté Son Altesse à la porte du logis habité par notre gentille reine Marguerite, et c'est là que je m'en vais.

—Le roi est chez cette petite folle!... Non, non, j'en serais instruite... Je veux toutefois m'assurer de la vérité.

Blanche de Castille retourna rapidement sur ses pas.

—Ah! ah! murmura le comte, monseigneur saint Jacques sera grondé pour avoir mal fait le guet.

Et il suivit les traces de la princesse.

Blanche marchait rapidement. Quelque hâte d'arriver qu'elle parût avoir, elle abandonna néanmoins la ligne la plus courte, et passa devant le chenil où dormaient d'un paisible sommeil les lévriers du roi. Le valet des chiens, armé maintenant d'une plume de dindon, chassait les mouches qui eussent pu troubler le repos de ses chers administrés.

—Avez-vous vu passer le roi? dit au brave homme Blanche de Castille avec un regard foudroyant.

—Pour entrer ou pour sortir, glorieuse Altesse?

—Pour entrer d'abord?

—Alors j'ai vu passer le roi.

—Misérable! pourquoi n'as-tu pas exécuté les ordres que tu avais reçus, car je n'ai point ouï crier les lévriers?

—Je n'avais pas d'autre commandement, gracieuse Altesse, que de fouetter les chiens toutes fois que j'apercevrais venir le roi de ce côté.

—Eh bien, l'as-tu fait?

—Je ne dois plus le faire, puisque la pénitence, Dieu merci, est finie.

—Que veux-tu dire, faux et mauvais traître?

—Je n'ai pas d'autre raison à confesser, si ce n'est que notre aimé souverain m'a envoyé six parisis à cause de la peine que j'avais eue à fustiger mes pauvres enfants, et a ordonné qu'au temps à venir ils ne soient plus battus.

La reine se mordit les lèvres et reprit sa course. Bien qu'elle eût marché droit à la chambre de la reine, Louis, averti par le bruit des pas, avait eu le temps de se cacher[1]; et il parvint à s'échapper par un passage secret.

Marguerite demeura donc seule exposée aux reproches de la reine-mère. La jeune princesse les supporta moins avec la rési-

[1] Chroniques.

gnation qui lui était habituelle, qu'avec une certaine indifférence. Sa belle-sœur, Jeanne de Toulouse, poussa la hardiesse jusqu'à dire à Blanche :

—Dieu aidant, ma bonne sœur pourra bientôt chérir et voir le roi son époux à loisir et contentement.

Ces paroles frappèrent l'ex-régente, qui se retira plus inquiète peut-être que courroucée. Elle commença à penser que Louis et Marguerite ne se contentaient peut-être pas toujours d'échanger de folles et oiseuses paroles.

Pendant une semaine, Blanche de Castille poursuivit un secret insaisissable, et dont elle pressentait qu'elle avait beaucoup à redouter.

On était arrivé à la veille de Noël, ce saint jour qui avait été nommé le jour des robes nouvelles, parce que, d'après un ancien usage, le roi distribuait à ses gentilshommes de riches casaques neuves qu'ils revêtaient pour aller entendre la messe de nuit.

Un grand nombre de nobles dames qui devaient accompagner à l'église la jeune reine se trouvaient assemblées dans la chambre de celle-ci. Sur un prie-Dieu était déposé un énorme bouquet de marguerites qui attirait tous les regards.

D'un geste, Jeanne de Toulouse interrompit les conversations particulières bourdonnant autour de l'épouse de Louis IX.

« Nobles dames, dit la première, notre affectueuse reine souhaiterait pouvoir vous admettre toutes dans la chapelle où elle doit ouïr la messe d'avant le jour, mais le lieu est trop exigu pour qu'elle ait telle satisfaction. Comme son cœur ne saurait se décider à faire entre vous un choix qui affligerait peut-être quelques bonnes amies, elle a résolu de s'en remettre au jugement du ciel. Chacune donc prenez une fleur au milieu du bouquet que vous voyez là ; puis une à une vous répéterez à haute voix le jeu que le roi a imaginé, ainsi que vous n'en ignorez et selon que la fleur répondra à cette demande : « Aimé-je la reine, un peu, beaucoup, aveuglément, pas du tout », Madame Marguerite jugera lesquelles de vous elle doit honorer davantage. »

L'épreuve à laquelle l'attachement des dames allait être soumis leur causa, on le conçoit, un grand trouble et une terrible crainte. Beaucoup eussent volontiers renoncé à l'espoir aussi dangereux que flatteur d'être admises dans la chapelle de la reine, si elles eussent osé témoigner leur sentiment. Elles se partagèrent donc en tremblant les marguerites, et formèrent un demi-cercle.

Jeanne, qui avait choisi hardiment la plus grosse fleur, parcourut d'un regard satisfait tous ces visages où se lisait l'anxiété, et reprit :

« Mes chères dames, notre douce souveraine a bien vu déjà combien vous étiez soucieuses, pour laquelle cause elle veut offrir à ses vraies amies le moyen de sortir de peine. Que celles-là remettent leur fleur aux mains de Madame Marguerite, *en signe qu'elles s'engagent aveuglément à donner la marque de soumission et de bon vouloir que leur demandera la reine avant que le soleil soit levé.* Les autres sont libres de suivre leurs différents grés en interrogeant ou replaçant les marguerites sur le prie-Dieu. Quant à moi, je supplie humblement ma chère sœur d'accepter celle que voici, et d'être assurée que je lui obéirai en tout et partout. »

Jeanne remit alors la fleur qu'elle tenait à la royale fille de Raymond.

Il n'y eut pas une dame qui ne suivît cet exemple, et le bouquet de marguerites se trouva recomposé tout entier dans la main de la reine.

« Merci, merci, mes très-aimées dames, dit-elle, et puisque nous ne pouvons assister à la sainte messe ensemble dans la même chapelle, j'affirme mon Dieu que nous l'ouïrons sous le même costume, pour montrer que vous êtes bien miennes. »

De La Marche entra, et annonça que le service divin ne tarderait pas à commencer. Le rusé seigneur s'approcha de Jeanne en souriant.

—Madame Marguerite, murmura-t-il, porte un bouquet fort beau !

Un sourire malicieux qui semblait n'être que le reflet de celui du comte laissa voir les blanches et petites dents de la princesse, et elle répondit :

—La reine tient entre ses doigts tout autant de fleurs qu'il y a de dames ici.

—Oh ! oh !

—Et les robes du roi, demanda Jeanne à son tour, ont-elles d'agréables ornements ?

—C'est ce que le jour montrera sur l'épaule de nos seigneurs ; car ils les ont toutes endossées sans y voir clair.

—Ah ! ah !

Et les deux interlocuteurs se séparèrent du même air épanoui.

Jamais messe n'avait été célébrée au milieu d'esprits moins recueillis que ne le fut celle à laquelle assistèrent nos divers personnages.

Louis ne cessait de diriger les yeux sur la masse de courtisans agenouillés près de lui.

Marguerite ne tourna que la première feuille de ses Heures.

La reine-mère était en proie à une inquiétude toute mondaine.

Jeanne de Toulouse continuait à montrer au comte de La Marche ses jolies dents.

Et le gentilhomme ne dépouillait pas un seul instant ses sourires d'homme malicieux qui attend l'effet d'une ruse.

L'office finissait, lorsque l'aurore vint éclairer la Sainte-Chapelle, qui, à part l'autel, était restée dans une assez profonde obscurité.

Un spectacle presque miraculeux s'offrit alors aux regards des assistants.

Tous les seigneurs et le roi lui-même portaient sur l'épaule le signe des croisés, et toutes les dames, à l'exception de Blanche de Castille, étaient revêtues de costumes de pèlerines.

Pendant que chacun cherchait l'explication de ce mystère, le roi s'approcha de l'autel, renouvela le vœu d'aller en Terre-Sainte poursuivre de l'épée les Infidèles, et demanda la bénédiction du clergé pour les pieuses personnes qui, ayant volontairement pris les habits des chrétiens voyageurs ou guerriers, se croiraient suffisamment liées par cet acte.

Seigneurs et nobles dames pensèrent devoir se résigner, et s'inclinèrent sous la bénédiction du chapelain.

Ceux-ci ne voulurent point manquer à un engagement qu'ils avaient porté écrit sur l'épaule; et celles-là, quand la jeune reine, parée du bouquet de marguerites qu'elle devait à leur aveugle dévouement, les pria de l'accompagner aux lieux saints où se rendaient avec Louis IX leurs époux ou leurs frères, n'eurent point la hardiesse de retirer le gage d'obéissance donné.

Maintenant dirons-nous que c'était Jeanne de Toulouse qui avait cueilli les marguerites, et le comte de La Marche qui avait fait coudre en cachette les croix sur les robes nouvelles?

Ajouterons-nous encore que, depuis ce jour, on n'entendit plus hurler ni aboyer les lévriers du roi?

Ma coupe est vide, mes fleurs se fanent, mes sorbets s'échauffent, ma vie va s'éteindre, mon cher Ali-Pouf, si tu ne prends soin de la ranimer par des flots de vin de France, par des fleurs fraîches et par des conserves musquées, que les confiseurs inspirés du Prophète confectionnent si bien sous le beau ciel d'Orient. »

Ainsi s'exprimait Antonio, l'ancien matelot inscrit en 1715 au rôle maritime du port de Calais, et que des circonstances romanesques avaient fait l'hôte et presque l'ami de Bou-Mazam, le vieux pacha de la province d'Adama, dans la Turquie d'Asie.

L'homme à qui Antonio donnait ces ordres était le chef des officiers du pacha, dans le palais duquel l'ancien matelot recevait depuis plusieurs mois l'hospitalité.

Ali-Pouf présentait le type parfait de l'obéissance passive; quand il tardait à accomplir un message ou à satisfaire rapidement un désir de celui qu'il avait reçu ordre de regarder temporairement comme son maître, il entendait Antonio dire, en affectant un ton de despotisme local :

« Tu sais, Ali-Pouf, que je n'ai qu'un mot à prononcer pour faire tomber ta tête. »

L'officier s'inclinait jusqu'au niveau du sol, et, en se redressant, il laissait échapper un sourire de satisfaction qui pouvait se traduire ainsi : « Mon maître peut disposer de ma tête comme de sa chibouque[1] ; » Ali-Pouf alors redoublait de zèle, d'empressement, non pas par crainte du châtiment, mais pour obéir à l'instinct qui le portait à la servilité.

Les ordres d'Antonio furent promptement exécutés : les vins les plus exquis coulèrent dans son verre ; il se posa sur de moelleux coussins qu'il tordit sous les plis de son corps ; il ordonna à un esclave de jeter sur les tapis des fleurs effeuillées, afin que le parfum lui arrivât de tous côtés ; il fit abaisser les riches portières qui séparaient l'appartement du jardin où de nombreux oiseaux voltigeaient et pouvaient troubler le calme par le bruit de leurs ébats ; après quelques libations de ces vins qui bercent l'esprit sans l'égarer ni l'endormir, Antonio tomba dans l'état de somnolence où la pensée flottante se laisse aller du songe à la réalité. Les idées du matelot s'attachèrent au point de départ de sa vie, et il en remonta le cours dans son souvenir.

Enfant de ce faubourg du Courgain, un des remparts du port de Calais, renommé par sa laborieuse et brave population de pêcheurs, Antonio vit les années de son enfance s'écouler au milieu des périls et des chances aventureuses des pêches lointaines.

Au retour d'un voyage, où l'équipage n'avait rapporté pour tout butin que la vie sauve, Antonio eut des idées plus ambitieuses que par le passé ; il rêva qu'avec des têtes de clous dorés et des objets de verroterie, il obtiendrait des peuples sauvages certains produits de leur sol qu'il revendrait en Europe au poids

[1] Tuyau de pipe en usage en Orient.

de l'or, et il s'embarqua sur un navire qui allait exercer le troc dans les mers d'Amérique[1].

La pensée de faire fortune le rendit insensible aux pleurs de Louise, sa jolie promise, et la fille du gardien de la poterne du Courgain. Il partit en lui promettant de revenir pour la rendre riche et heureuse.

Le succès ne répondit pas aux intentions du matelot; il laissa une à une toutes ses illusions de fortune sur chaque plage où il aborda. Dans les mers australes, il faillit servir de pâture à une tribu de cannibales; sous d'autres latitudes, une peuplade qui massacrait ses chefs tous les mois offrit la royauté à Antonio, qu'un naufrage avait jeté sur le rivage. Le matelot fut assez heureux pour pouvoir troquer son sceptre contre deux noix de cocotier, qu'un prétendant ambitieux lui donna en échange de la puissance. Avec ces deux noix, il vécut plus longtemps qu'il n'aurait vécu avec la couronne qu'on lui offrait.

La Méditerranée, qui disputa le matelot à l'Océan, lui fit éprouver aussi ses caprices : fait prisonnier dans un combat contre les pirates, il porta les chaînes de l'esclave chez les Barbares. Son courage et sa gaîté furent là comme ailleurs, au-dessus de l'infortune; il devint valet de chamelier, et suivit philosophiquement les caravanes; puis, laissant au hasard le soin de le conduire, après de nombreuses aventures, il se trouva rendu à sa première profession. Il se fit pêcheur dans un des golfes qui avoisinent la principale ville où était établi le siége du gouvernement provincial de Bou-Mazam.

Un soir, après avoir tendu ses filets, qu'il ne devait relever qu'à l'aurore, il s'était assis sous la voûte d'une roche qui faisait saillie sur les grèves. Tout-à-coup, il entendit le pas et la voix de deux hommes : ceux-ci se dirigeaient lentement comme des promeneurs vers le rivage.

[1] On nomme *troc* un genre de commerce qui consiste à obtenir des peuples sauvages des produits qui ont une valeur positive en Europe, et qu'on échange contre des objets auxquels les sauvages accordent une valeur idéale.

Le pêcheur prêta l'oreille, et bientôt il comprit que l'un des deux personnages occupait un rang élevé dans le gouvernement de la ville. Ces paroles furent échangées entre les deux nouveaux venus :

—As-tu reçu des nouvelles d'Europe, Ibrahim, relativement à la pensée qui me préoccupe sans cesse? n'a-t-on pu découvrir l'homme de science que je cherche?

—Toutes les promesses brillantes de Votre Hautesse n'ont abouti à aucun résultat. Nul médecin d'Allemagne ni de France, m'écrit-on, ne veut essayer de rendre la parole à un muet, par cette raison que l'homme qui n'a jamais eu la parole ne peut pas l'avoir perdue.

—Cette pensée toute simple ne m'était jamais venue, répondit Bou-Mazam, car c'était le pacha d'Adama qui, en ce moment, s'entretenait avec son favori, et, comme il était en voie de cordial épanchement, le chef de la province s'étendit sur les motifs d'intérêt puissant qu'il avait d'obtenir à tout prix la guérison du jeune Sélim, orphelin, rencontré par lui dans un pèlerinage à la Mecque, et qu'il tenait en grande affection. Un iman[1], versé dans la science divinatoire, lui avait appris que Sélim devait trouver un jour la parole pour indiquer le lieu secret où le pacha, prédécesseur de celui-ci, avait enfoui des trésors immenses dont personne n'avait encore pu découvrir la trace.

Bou-Mazam ajouta : « Si la parole ne pouvait pas être donnée miraculeusement à Sélim, le sage iman ne m'aurait pas dit que le jeune homme me révélerait le lieu où sont cachés ces trésors.

—Cette pensée toute simple ne m'était pas encore venue, dit à son tour le confident, en répétant la phrase prononcée un moment auparavant par le pacha.

La réflexion parut relever le courage de Bou-Mazam :

—Cherche donc encore, Ibrahim, continua-t-il ; si on ne trouve pas dans les cours et dans les académies le savant qui

[1] Prêtre musulman.

doit opérer cette cure merveilleuse, cherche ailleurs. Quelquefois, les vieux Bohêmes errants ont des recettes inconnues qu'ils conservent sous leurs haillons comme les corps des fils de l'Egypte se conservaient sous des bandelettes pendant plusieurs siècles. Quelquefois ces coureurs d'aventures, sans patrie, ces rayas[1] apportés de tous les pays par la misère, sont passés maîtres dans l'art de guérir, et de faire à volonté des plaies et des blessures qui servent à exciter la compassion. Si parmi eux il s'en trouvait un seul qui eût un secret applicable à Sélim, qu'il frappe avec confiance à mon palais, je l'accueillerai comme un envoyé du Prophète ; tous mes officiers auront pour lui le respect qu'ils ont pour moi-même.

Bou-Mazam et Ibrahim reprirent silencieusement le chemin du palais, chacun pensant à ce qui avait été dit et à ce qui pouvait encore se faire.

La confidence du pacha à son favori venait d'être entendue par Antonio ; le pêcheur méditait sur cette circonstance. Nul n'était plus habile que lui à tirer parti de tous les incidents de la vie.

Le matelot passa la nuit dans le creux du rocher qu'il avait choisi pour oasis ; et, au point du jour, il se prépara à lever avec plus d'empressement que de coutume ses filets, comme s'il avait hâte d'en finir avec cette occupation.

« Notre-Dame du Courgain ! s'écria le pêcheur en sentant son filet plus pesant et plus difficile à ramener qu'à l'ordinaire, et qui cependant n'était pas agité ainsi qu'il arrive par les battements de queue du poisson captif, Notre-Dame du Courgain, envoyez-vous à celui qui vous invoque si souvent un quartier de roche auquel se sera attachée l'huître qui produit la perle d'Orient ? Ce serait bonne aubaine et un bel à-compte sur la dot que je réserve à Louise Urbain, ma fiancée. En ce moment, elle rêve peut-être que je l'oublie. » Antonio avait eu le pressentiment

[1] Basse classe de serviteurs qui ne sont pas musulmans.

du fait providentiel qui allait s'accomplir : son espoir se réalisa sous une autre forme que celle qu'il avait préconçue.

Dans la poche du filet, il trouva un petit coffret de bois presque vermoulu, qui paraissait avoir fait un long séjour sous les eaux. Il le brisa à coups de pierre, et il s'échappa de nombreuses pièces monnayées, dont Antonio ne chercha pas à deviner l'effigie, mais dont il apprécia le métal : c'était du bel et bon or.

Le pêcheur ne perdit pas de temps à se demander par quel jeu des marées et par quel mouvement des sables ou des courants ces pièces étaient venues jusqu'à son filet; il ne pensa qu'à mettre en œuvre le projet qui l'avait occupé toute la nuit. Les moyens d'exécution ne lui manquaient plus : il courut vers la ville.

C'était l'heure où le marché des denrées venait de commencer; les riches caravansérails et les modestes boutiques s'ouvraient : Antonio en visita un grand nombre; il choisit de préférence les bazars où la friperie entassait ses produits de toute espèce.

Bientôt on entendit résonner de bruyantes fanfares ; des hommes vêtus à l'égyptienne, montés sur des chevaux dont les housses traînantes étaient chargées de signes étranges et incompréhensibles, se montrèrent à la foule étonnée. Derrière cette avant-garde s'avançait un palanquin magnifique porté par plusieurs valets, et sur lequel était assis à la manière asiatique un étranger dont le costume singulier semblait être composé de parties de vêtements empruntés aux divers peuples du globe.

Le cortége s'arrêta, et le chef de cette caravane, après avoir baissé trois fois la tête en signe de respect, s'exprima ainsi :

« Fils de Mahomet, le Prophète n'a donné à personne le don de la science complète, qu'il a gardée pour lui seul; mais il a laissé tomber sur quelques croyants privilégiés un rayon de la lumière qui voit les souffrances les plus mystérieuses et découvre les moyens propres à les guérir.

« Le Prophète m'a refusé la faculté de rendre droit comme le palmier l'homme dont le corps a pris la forme voûtée du *vaisseau du désert*, plus connu des infidèles sous le nom de dromadaire.

« Le Prophète n'a pas voulu que je puisse dire à son serviteur qui n'a pas de jambes : « Approche de moi. » Il n'a pas voulu que je dise à l'aveugle : « Regarde-moi. »

« Mais, fils du Prophète, il m'a permis de m'écrier : S'il est parmi vous un muet, qu'il parle..., qu'il me dise sa souffrance, et j'en fais mon affaire. »

Tous les assistants se regardèrent avec étonnement.

« En Chine, continua l'étranger, j'ai rendu la parole à un mandarin ; dans sa reconnaissance, il m'a fait don du parasol qui m'abrite... mais le plaisir que ce mandarin a éprouvé de sa merveilleuse guérison l'a rendu muet de nouveau. J'étais à deux mille lieues de lui, quand j'appris cette fatale nouvelle.

« L'empereur de Siam avait un ministre qui avait perdu l'usage de la parole : je la lui rendis ; mais sa langue devint si active, si rapide, que le prince fut obligé de la lui faire couper : ce fait glorifie ma science. »

Le peuple écoutait attentivement cet homme étrange ; il inspirait la confiance, car, contrairement à ce qui se passait d'habitude dans les consultations données en plein air par des aventuriers, il ne demandait aucune récompense ; il ne vendait aucun spécifique, aucun talisman ; et, après chaque phrase, il jetait autour de lui des pièces de monnaie pour ceux, disait-il, qui ressentaient des infirmités qu'il n'avait pas le pouvoir de guérir.

Le médecin fut interrompu en ce moment par un mouvement qui s'opéra au sein de la foule. Un officier du palais du pacha parut. Il s'avança en traversant les flots du peuple jusqu'au palanquin de l'orateur ; il lui dit quelques mots à l'oreille ; et, sur un signe, le cortége prit la route du palais de Bou-Mazam.

Le grand docteur n'était autre que le matelot Antonio. Conduit près de Bou-Mazam, il recommença le récit des cures merveilleuses qu'il avait opérées sur toute la surface du monde.

—Ce matin même, dit le pacha, j'ai fait partir, pour un voyage peut-être sans terme, Ibrahim, mon conseiller, avec ordre d'aller chercher jusqu'aux dernières limites de la terre celui que le Prophète amène en ce moment près de moi... Sois le bienvenu, étranger. Puisque tu opères sur les muets, je te confie Sélim, mon fils adoptif, qui jamais n'a pu épeler, même à basse voix, la première lettre du Coran.

—Il les lira toutes bientôt, repartit audacieusement le docteur en s'inclinant, et il les lira d'une voix assez forte pour qu'on l'entende de chaque minaret de la ville.

—Mahomet t'entende toi-même! ajouta le pacha; je ne veux pas que mon impatience compromette la guérison.... Je t'accorde trois cents jours, étranger, pour remplir ta promesse. Pendant ce temps, tu habiteras mon palais, tu y vivras à ton choix, suivant les goûts et les habitudes que tu te seras faites dans tes voyages. Mes officiers seront les tiens, et Ali-Pouf, qui est ici le maître de tous, sera ton esclave.

Un gros personnage, dont la figure était ronde comme deux croissants qui se seraient rejoints par les extrémités, s'inclina en ce moment. Cette masse animée était Ali-Pouf.

—Écoute encore, étranger, dit le pacha :

Compte bien avec exactitude les trois cents jours que j'accorde à ta puissance pour donner la parole à Sélim. Au dernier de ces trois cents jours commencera la fête des Tulipes, agréable à Mahomet... je veux que Sélim soit le premier à chanter ce jour-là le verset en l'honneur du Prophète.

—Il le chantera, dit Antonio.

—Je le désire pour moi, pour lui, pour toi; car si à l'heure où notre pacte expirera tes spécifiques n'ont pas produit leur effet, tu seras mis au fond d'un sac et jeté dans le golfe.

Antonio calcula rapidement dans sa pensée toutes les chances heureuses qui pouvaient se présenter pendant ce laps de temps pour changer le cours ordinaire des événements et le dispenser de tenir sa promesse, et il repartit :

—Les conditions dictées par Votre Hautesse me rendent fier et heureux de sa confiance : je les accepte.

A partir de ce moment, Antonio devint l'hôte du pacha. Le matelot reçut avec empressement la part de bien-être qui lui était faite. Il commença par éloigner de lui tout ce qui pouvait lui rappeler le traité dont le terme pouvait lui être fatal ; il exigea qu'on fît voyager Sélim avec deux imans, afin, disait-il, que l'air des contrées lointaines préparât le malade au régime que plus tard il devait lui prescrire.

Quand Sélim fut éloigné, Antonio mena, en la modifiant, la vie orientale dans tout ce qu'elle a de délicieux. Il buvait des vins de France, au mépris de la loi musulmane qu'il avait corrigée ; il fumait dans des pipes d'ambre les tabacs les plus suaves ; il brûlait dans des cassolettes les parfums enivrants, et se faisait promener dans des barques coquettes sur le golfe dont les flots baignaient les plates-bandes de son jardin. Puis il apprit l'art d'écrire et de parler, à la manière d'Asie, avec des fleurs. Ce talent lui gagna l'affection du vieil Ali-Pouf, dont la mémoire fragile avait depuis longtemps oublié l'orthographe florale, et qui éprouva dans une circonstance le besoin de recourir à ce vocabulaire symbolique.

Un jour, Ali-Pouf raconta au docteur que son maître venait d'acheter un grand nombre de jeunes esclaves, mises, suivant la coutume, à l'enchère dans les caravansérails.

Parmi ces nouvelles esclaves, qui étaient réservées à faire l'ornement du palais du pacha, il s'en trouvait une que le vieil officier ne put voir sans une vive émotion; il fut séduit par la vivacité qui singularisait l'étrangère au milieu de ses compagnes que la captivité avait abattues. Elle était native de France.

Quelques jours s'étaient écoulés depuis l'installation des esclaves dans le harem [1]. Grâce à la liberté dont seul il jouissait de pénétrer dans le quartier des femmes, Ali-Pouf avait pu contempler

[1] Appartement réservé aux femmes chez les musulmans.

la jeune Française à son aise; le sentiment qu'elle lui inspirait était devenu si impérieux, qu'il osait braver la rigueur de la loi punissant de mort l'auteur d'une correspondance avec une esclave appartenant au pacha, et il vint prier Antonio de lui composer un sélam[1].

Depuis que le matelot Antonio avait quitté le port de Calais pour courir après la fortune, six années s'étaient écoulées. Son esprit et son intelligence avaient subi un prompt développement, et pendant son séjour dans le palais qu'il occupait il avait eu le loisir de faire quelques lectures qui avaient facilité l'essor de ses idées ; il composa, en fleurs, un chant empreint de galanterie que n'aurait pas désavoué un poëte des salons européens. Le lendemain, la jeune esclave remit à Ali-Pouf un sélam en échange de celui qu'elle avait reçu la veille.

Antonio fut chargé de traduire cette réponse. L'esclave refusait respectueusement les hommages qui lui étaient offerts.

Le confident d'Ali dissimula en partie la rigueur de la réponse, et il engagea le sensible officier du palais à continuer la correspondance. Antonio avait eu la pensée de mettre à profit pour lui-même le message, et de se servir du sélam afin de jeter quelque charme sur la monotonie de son existence.

Bientôt Antonio sut le nom de celle à qui il écrivait ; il la questionna sur sa patrie, sur sa famille, sur les événements qui l'avaient faite esclave... Et quelle fut sa surprise quand il arriva à ne plus douter que la sultane Zaïda n'était autre que Louise, sa fiancée, Louise, la fille du gardien de la poterne du Courgain. Des événements remarquables, qu'elle se réservait de lui raconter plus tard, l'avaient éloignée de sa patrie. Elle avait été prise par des pirates et vendue à un marchand d'esclaves.

Les correspondances devinrent plus fréquentes. Ali-Pouf croyait toujours qu'il s'agissait de lui, et il portait les messages avec une rare exactitude.

[1] Bouquet en usage en Orient, dont les fleurs sont disposées de manière à exprimer une pensée.

Tous les faits que nous venons de raconter s'étaient accomplis et appartenaient déjà au passé le jour où Antonio, étendu mollement sur les divans du palais, remontait dans sa rêverie le cours de sa vie et de ses souvenirs.

L'ancien matelot n'avait pas remarqué la rapidité avec laquelle marchait le temps ; il croyait être encore aux premiers jours de son pacte avec le pacha, et cependant le jeune Sélim était revenu depuis longtemps du voyage prescrit par le docteur; le savant s'était peu occupé de son malade, pour lequel il ne pouvait rien, et l'avait laissé libre et indépendant.

Une heure fatale surprit Antonio au milieu de sa vie oisive et insouciante.

Le jour de la fête des tulipes arriva.

Bou-Mazam, confiant en la promesse et en la science du docteur, avait ordonné de grands préparatifs pour célébrer la cure merveilleuse.

Le matin, Ali-Pouf se présenta par l'ordre de son maître dans l'appartement d'Antonio et lui dit :

—Le jour de la fête des tulipes est venu.

Cette phrase fit courir le frisson sur tout le corps d'Antonio ; cependant il ne laissa voir aucune émotion, il affecta un calme qu'il n'avait pas et répondit en souriant :

—Le jour de la fête des tulipes est venu.

Puis il témoigna à l'officier un intérêt encore plus vif que par le passé, il lui parla de Zaïda avec complaisance, et il assura qu'il avait rêvé que cette jeune esclave comprenait enfin l'honneur que lui faisait Ali-Pouf en lui offrant le cœur le plus digne d'envie. Il conseilla à celui-ci de remettre encore ce jour-là à l'esclave française un sélam plus tendre que ceux qui avaient déjà été reçus.

Ali-Pouf fut sensible à cette marque d'affection de la part du docteur... Il se dit mentalement : « C'est un grand homme, il réalisera l'espérance du pacha. Sélim parlera. Si la guérison était douteuse, le seigneur Antonio ne s'occuperait pas si complaisamment de mes affaires de cœur. » Et l'amoureux Musulman alla porter à Zaïda le message que venait de composer Antonio.

Ce sélam était d'une haute importance pour l'amphitryon du pacha. L'ancien matelot avait employé ce moyen de correspondance pour faire confidence à Zaïda de la position critique dans laquelle il allait se trouver. Chaque pétale de fleur était le chapitre d'une conspiration bizarre que l'esprit inventif d'Antonio avait organisée, et dans laquelle Zaïda devait jouer un grand rôle.

Ali-Pouf revint près d'Antonio la joie sur la figure : Zaïda avait pressé le sélam sur son cœur... Antonio avait été compris.

Le jour avançait.

Bou-Mazam envoya vers Antonio un chef de ses gardes porteur d'un sac immense et d'une corde, avec ordre de demander au docteur si la guérison était réalisée. Antonio, ému par cet appareil de triste présage pour le dénoûment prochain, fit un signe de tête affirmatif.

Bientôt le bruit des instruments de cuivre retentit, des voix de femmes accompagnées par des harpes se firent entendre, et le pacha accompagné de Sélim s'avança ; toutes les esclaves se groupèrent derrière lui.

Bou-Mazam dit à Antonio que, dans son impatience, il avait désiré entendre parler son fils adoptif, avant la fête qui allait glorifier la merveilleuse guérison.

Antonio balbutia quelques mots. Son regard se rencontra avec celui de Zaïda, et il fut rassuré.

—Allons, docteur Antonio, continua le pacha, mettez un terme à mon attente. Que mon bien-aimé Sélim parle... Que mon bien-aimé Sélim chante, si c'est possible...

Antonio fit une réponse que Bou-Mazam n'entendit pas.

—Je ne sais pas ce que tu viens de me répondre, étranger, dit le pacha ; recommence...

Antonio remua les lèvres et le pacha répéta :

—Je n'ai pas entendu... et cependant j'ai de bonnes oreilles... Filles de mon harem, continua Bou-Mazam en se tournant vers les esclaves, répétez en chœur le chant que j'ai fait composer pour cette fête. Le docteur Antonio et Sélim uniront leurs voix aux vôtres...

Le pacha donna lui-même le signal avec la main, et une note fausse s'échappa de ses lèvres... Cette note fut la seule qui eût un son quelconque.

Antonio ouvrait simplement la bouche.

Zaïda et les sultanes imitèrent ce mouvement de lèvres.

Sélim, voyant que chacun ouvrait la bouche, fit instinctivement de même.

—Mais chantez donc, s'écriait le pacha; rien ne sort de vos poitrines.

Chante, Sélim..., chante seul ; je t'écoute...

Bou-Mazam parut stupéfait de ne rien entendre. Mais Antonio et toutes les conjurées, feignant d'avoir entendu Sélim, manifestèrent par leur pantomime l'expression de la plus vive admiration, et chacune d'elles salua le docteur et rapprocha rapidement les mains comme si elle eût applaudi, mais en ayant soin de les tenir à une distance qui ne laissât point le bruit se produire.

L'exaspération du pacha était à son comble.

Antonio affecta une profonde tristesse, il leva les bras au ciel, il s'approcha de Bou-Mazam, et par des gestes expressifs auxquels se joignirent les marques de surprise des sultanes, il fit comprendre au pacha qu'au moment où son favori Sélim avait recouvré la voix, lui, Bou-Mazam, venait d'être frappé de surdité par la volonté du Prophète...

Le pacha demeura terrifié.

Antonio ayant donné un nouveau signal pour recommencer le chant, les conjurés renouvelèrent le mouvement déjà exécuté : toutes les bouches s'ouvrirent, toutes les lèvres s'agitèrent, mais aucun son ne sortit des poitrines.

Le pacha demeura convaincu qu'il avait fatalement perdu l'usage de l'ouïe.

Un grand mouvement se manifesta dans le palais, où la nouvelle se répandit... Antonio, qui avait prévu le résultat, chercha à le mettre à profit en fuyant et en assurant le départ des complices qui l'avaient secondé... Il disparut.

Cependant le complot tramé contre le pacha avait été découvert. Ali-Pouf, malgré son peu d'intelligence, en avait trouvé le fil, et prévoyant des conséquences fâcheuses, il avait doublé ses gardes, et veillait... Voulant rassurer son maître, il chargea un esclave de porter à Bou-Mazam une de ses tablettes de consigne sur laquelle il traça ces mots :

« *Votre Hautesse est le jouet d'une trahison. Vous n'êtes pas sourd. Je veille.* »

Le pacha, plongé dans la tristesse, avait pris la résolution de ne pas assister à la fête des tulipes. La nouvelle qu'il venait de recevoir changea ses intentions ; il conçut la pensée d'une éclatante et terrible revanche et se rendit à la salle des fleurs.

Zaïda, ignorant la révélation du complot, continuait à diriger la conspiration du silence ; elle devait prolonger le plus longtemps possible la situation, pour donner à Antonio le temps de disposer au dehors les préparatifs destinés à assurer la liberté de toutes les esclaves du harem.

La fête allait commencer, on avait observé le cérémonial d'usage. Dans une des galeries du palais étaient disposées de riches étagères sur lesquelles des vases de cristal se couronnaient des plus belles tulipes d'Orient ; les bougies répandaient les odeurs les plus exquises et leurs feux croisaient mille reflets dans des girandoles d'opale, de saphir et de rubis. Une pluie d'eau de rose rafraîchissait les airs...

Toutes les esclaves étaient groupées au milieu de cette atmosphère embaumée. Zaïda commandait du regard à ses nombreuses compagnes.

Le pacha paraît ; la colère est empreinte sur ses traits. Il s'avance ; les sultanes tremblent. Zaïda, seule attentive à ce qui se passe, se glisse derrière une vaste portière en tapisserie dont les plis ont été un moment agités.

Bou-Mazam appelle d'une voix sévère l'officier supérieur de son palais.

Ali-Pouf se présente visiblement ému.

—Approche, fidèle serviteur, dit le pacha, parle à haute voix à ton maître, afin qu'il t'entende, qu'il répète tes paroles et qu'il démasque la trahison...

Toutes les sultanes pâlissent d'effroi... A la première parole que va prononcer Ali-Pouf, leur ruse sera découverte...

—Parle, fidèle Ali-Pouf, répète le pacha.

Ali-Pouf va obéir..., déjà ses lèvres s'animent...

Zaïda paraît ; elle tient à la main le premier bouquet que l'officier lui a remis. D'un regard elle lui fait comprendre que s'il parle..., elle le dénonce comme séducteur, et qu'il y va de la vie pour lui.

Ali voit de tous côtés un précipice ; il hésite, il ne sait quel enjeu risquer.

Le pacha commande de nouveau à son intendant de parler.

Zaïda, au même moment, élève le fatal bouquet; Ali-Pouf n'a que la force d'entr'ouvrir les dents, et il imite le signe silencieux que les sultanes ont fait quand Abou-Mazam leur a ordonné de chanter. C'est en vain que le pacha prête attention... La voix du serviteur qui a sa confiance entière ne vient pas jusqu'à l'ouïe du maître. — Donc le pauvre sultan a perdu l'usage de cet organe.—Ali, qui a écrit à son maître qu'il n'est pas sourd, est un vil flatteur, un courtisan maladroit qu'il faudra étrangler.

Ali va jeter un cri de rage...; mais le bouquet joue son rôle, et le coupable retient l'expression de sa colère devant la preuve qu'il redoute.

A ce moment, le docteur, qui n'avait pu trouver une issue pour sortir du palais et qui s'était résigné à son sort, paraît et se jette aux pieds du pacha en se livrant à une pantomime que celui-ci cherche en vain à comprendre. Il tend à Antonio les tablettes qu'il a reçues d'Ali et lui commande d'écrire.

Antonio trace rapidement quelques lignes : il avoue dans son écrit qu'il n'a pas accompli complétement la guérison de Sélim, parce qu'au moment où il allait user de la puissance que Mahomet lui avait donnée de faire parler les muets, il est dévenu tout-à-coup ambitieux, et a demandé au Prophète de pouvoir faire entendre les sourds...

Le pacha ouvrit de grands yeux à ce passage de la confession d'Antonio.

—Et que t'a répondu le Prophète? demanda Bou-Mazam.

—Il m'a répondu, continua le marin au moyen des tablettes: « Docteur Antonio, il faut que ta science choisisse entre les muets ou les sourds. »

Bou-Mazam interrogea du regard le docteur, comme pour l'intéresser à sa position.

Antonio continua à écrire, et voici les derniers mots qu'il traça :

« J'ai pensé que Sélim, qui n'a pas connu le charme qu'on éprouve à parler, ne serait pas très à plaindre en restant privé d'un don qui lui est inconnu. »

—C'est vrai, dit le pacha, qui lisait aussi vite qu'Antonio écrivait.

Antonio continua à écrire

« J'ai pensé que le pacha Bou-Mazam, qui depuis soixante-sept ans a la propriété et la jouissance de son oreille, serait bien plus à plaindre que son fils adoptif s'il était condamné à ne plus entendre. »

—Cet Européen est un homme profond, poursuivit Bou-Mazam.

Et pendant qu'il faisait cette exclamation, Antonio avait ajouté ces lignes :

« Le docteur Antonio accepte de Mahomet la clientèle des sourds; il abandonne les muets. »

Le pacha faillit tomber de joie à la renverse; le docteur le reçut dans ses bras. Il lui souffla trois fois dans l'oreille, puis fit un signe à Zaïda qui le transmit aux sultanes.

Aussitôt toutes les voix des esclaves retentirent en longs échos. Ali-Pouf, qui échappait à une position bien critique, chanta une partie de basse du meilleur cœur du monde. Bou-Mazam, disposé à l'indulgence, exprima à son intendant le regret d'avoir soupçonné la franchise d'un bon serviteur. Puis, dans un accès de générosité, il donna la liberté à toutes les esclaves, afin que personne ne restât dans le harem et qu'il fût raconté partout que le Prophète lui avait envoyé une infirmité bien cruelle dont la science l'avait miraculeusement guéri.

Le docteur Antonio, comblé de biens, s'embarqua pour la France avec sa fiancée. Il apprit d'elle que le chagrin de leur séparation l'avait poussée à quitter le pays natal; elle s'était mise au service de la femme d'un riche négociant de Venise. En faisant route, elle avait été prise par des pirates et vendue quelques jours avant son entrée dans le harem du pacha de la province d'Adama.

Antonio, de retour au faubourg du Courgain, épousa Zaïda, qui reprit le nom de Louise. De docteur il devint riche patron de barques. Il aimait à raconter l'histoire que nous venons de dire et qui lui valut le surnom de *Médecin du Grand Turc.*

Louis Lasselle del.

GEORGETTE.

LA PERVENCHE

OU

J.-J. ROUSSEAU ET BERNARDIN DE ST-PIERRE.

De nos jours, les promenades publiques les plus recherchées de la capitale forment un arc de verdure qui s'étend dans la direction de l'ouest et au milieu duquel est posée comme une flèche la longue avenue de nos Champs-Élysées.

Au temps où s'est passée l'anecdote que nous allons raconter, c'est-à-dire vers la fin du dernier siècle, la population bourgeoise et marchande de Paris se portait de préférence, aux jours de fête et de repos, sur les points opposés aux horizons de Meudon et de Saint-Germain ; alors Romainville, Pantin et les prés Saint-Gervais étaient à la mode.

Pendant la semaine, les amis de la rêverie et de la promenade solitaire trouvaient le calme et le tableau d'une végétation variée dans cet échiquier champêtre dont chaque case était encadrée par une haie chargée de fruits ou de fleurs ; les chansonniers de l'époque célébraient les pelouses vertes et les frais ombrages des coteaux et des vallées situés à l'est de la capitale.

Un jour, deux hommes se rencontrèrent dans ces espaces où l'air pur vivifiait la pensée. Ils échangèrent d'abord quelques paroles sur le charme de ces lieux pittoresques, et quand ils furent amenés par la conformité de leur goût pour les beautés de la nature à se demander qui ils étaient l'un et l'autre, chacun d'eux apprit qu'il se trouvait en regard d'un homme célèbre.

Le plus avancé dans la vie se nommait Jean-Jacques Rousseau; les jets de sa plume ardente, les explosions de son génie, lui avaient acquis depuis longtemps une grande célébrité.

Le plus jeune était Bernardin de Saint-Pierre, ami passionné des grands spectacles de la nature, que pendant les premières années de sa vie il était allé admirer dans les climats où elle développe avec le plus d'éclat ses magnificences.

Dès son adolescence, Bernardin de Saint-Pierre avait montré un caractère difficile à dominer. Soit au collége, soit dans les fonctions publiques qu'on avait confiées à son intelligence précoce, il n'avait jamais pu plier sous le joug de l'obéissance ; en lui le besoin d'indépendance était dominant. Eh bien, ce calme qu'on avait regardé comme incompatible avec son naturel, et que n'avaient pu obtenir ni précepteurs, ni parents, ni chefs, l'aspect d'une forêt silencieuse, l'image d'un ruisseau qui coulait entre deux rives de verdure, la tête d'or d'un épi qui se balançait sous la brise, en un mot tous les aspects de la nature le lui imposaient. Le jeune de Saint-Pierre demeurait des journées entières dans les paisibles contemplations de ces images. Il leur était fidèle jusqu'à l'esclavage ; les heures passaient pour lui, rapides et douces, au milieu des bois ou des prairies.

Quand Rousseau et Bernardin de Saint-Pierre devinrent les hôtes et les habitués des prés Saint-Gervais, Jean-Jacques avait atteint la soixantième année de son âge ; Bernardin de Saint-Pierre, qui bientôt se nomma l'élève de Rousseau, avait à peine trente-six ans. Bernardin était partagé avantageusement sous le rapport des qualités physiques; il portait une physionomie des plus agréables, mais il était dominé par un sentiment de timidité tel qu'il se trouvait gêné dans les salons. Quant à Jean-Jacques, il sentait, au contraire, qu'il gênait le monde par son humeur fantasque et ses brusqueries; en outre, il avait conçu une profonde antipathie pour Paris, ayant vu la capitale sous son plus triste aspect quand il y entra pour la première fois par le faubourg Saint-Marceau : jamais il ne transigea avec cette opinion étrange.

Ce concours de circonstances, cette conformité de pensées sur le besoin d'isolement, formèrent l'association de promenade entre ces deux hommes dont la postérité conservera le nom. Une bizarrerie vint cimenter encore cette union passagère : les deux philosophes avaient non-seulement un goût très-prononcé pour le café à la crème, mais chacun d'eux affichait à un même degré d'amour-propre la prétention de savoir préparer ce breuvage qui faisait la base de son déjeuner habituel.

Des discussions assez vives s'étaient souvent engagées à ce sujet, puis une transaction s'était opérée, un armistice fut signé ; il avait été convenu que, trois fois par semaine, on viendrait déjeuner dans une modeste hôtellerie qui bordait la route de Pantin aux prés Saint-Gervais, et là les deux commensaux faisaient à tour de rôle l'office de cafetier. Chacun avait ses ustensiles de ménage et les accessoires nécessaires à la préparation du breuvage.

C'était un spectacle assez étrange de voir ces deux grandes intelligences aux prises sur des questions qui avaient pour but la manière de brûler, de moudre la fève de la Martinique ou de Moka. Quand Jean-Jacques était de service, il s'asseyait sur un escabeau en dehors du cabaret villageois, il plaçait le moulin à café entre ses deux genoux qu'il serrait fortement, et il se mettait à moudre avec toute l'attention qu'il eût apportée à la composition d'un chapitre de morale ou de philosophie. Le citoyen de Genève jetait dans la cafetière la poudre de la fève aromatique, en calculait minutieusement les proportions et les doses, et il guettait l'instant de l'ébullition sans permettre qu'une main étrangère activât ou ralentît la chaleur du foyer. Quand la liqueur avait passé par toutes les phases de la préparation, le praticien mêlait le café au laitage, puis il appelait son commensal, qui attendait le déjeuner en se promenant ou en herborisant.

Lorsque Bernardin de Saint-Pierre remplissait à son tour l'office de cafetier, il arriva souvent que Jean-Jacques Rousseau, cédant au besoin de la rêverie, attendît l'heure du déjeuner en parcourant les sentiers d'alentour.

Plusieurs fois il trouva sur son passage une jeune et gentille paysanne avec laquelle il aimait à lier conversation.

Après quelques rencontres et quelques causeries, Jean-Jacques avait su que la jeune fille se nommait Georgette, qu'elle était orpheline, recueillie par une vieille dame habitant le voisinage ; et Georgette avait appris que le promeneur des prés Saint-Gervais était un philosophe qui n'aimait pas les hommes ni le laitage de la ville parce qu'il trouvait que l'homme et le lait des cités sont également frelatés, et la jeune campagnarde avait compris pourquoi le promeneur venait chercher aux champs une nourriture saine et des impressions pures.

Georgette prit l'habitude de se diriger vers le petit cabaret, rendez-vous de Bernardin et de Jean-Jacques ; elle assistait à leur déjeuner champêtre sans y prendre part, car elle apportait toujours ses petites provisions comme l'enfant qui va à l'école. Quand elle trouvait les deux convives disposés à causer avec elle, elle racontait les petits événements qui composent la vie du village, et se mettait à dire les incidents plus ou moins variés qui rompent parfois la monotonie de ces existences paisibles au milieu desquelles la sienne s'écoulait.

Georgette avait gagné l'affection de Rousseau dans une circonstance où elle préserva d'une atteinte son amour-propre de préparateur de café.

Un jour, le compagnon de Bernardin de Saint Pierre apprêtait le déjeuner commun sur un petit fourneau de terre placé près d'une fenêtre donnant sur le chemin public que bordait une haie odorante d'aubépine.

Le lait était sur le feu depuis quelques instants; Rousseau, d'habitude attentif à son opération, semblait préoccupé et distrait; son regard se portait au dehors de la chambre et se dirigeait sur les herbages qui formaient un tapis à la base de la haie.

D'où venait cet écart de surveillance? Jean-Jacques avait aperçu au pied du buisson d'aubépine une fleur objet de sa prédilection, et qui était éclose presque fériquement pour occuper l'esprit du philosophe. Cette jolie fleur, sur laquelle Dieu a laissé tomber, le jour de la création, un reflet de l'azur du ciel, était une pervenche. La pervenche qu'affectionnait vivement Rousseau lui rappelait et le pays natal, et les premières affections, et les plus douces impressions de sa jeunesse songeuse. Il ne la voyait jamais sans éprouver une vive émotion; elle avait sur lui une puissance fascinatrice, et le préparateur de café subissait en ce moment toute l'influence du charme.

Encore quelques secondes d'inattention auprès du fourneau, et le laitage, enflé par la chaleur, allait s'échapper de sa prison, compromettre le déjeuner et exposer le philosophe aux plaisanteries de son convive.

Une voix amie tira Rousseau de son extase, c'était la voix de Georgette. Et ces mots retentirent :

—Monsieur Jean-Jacques, votre crème s'en va !

Jean-Jacques sortit de son rêve, il courut au fourneau, enleva d'une main le vase qui contenait le lait, et presque aussitôt il reçut dans l'autre main une petite branche de verdure sur laquelle plusieurs tiges de pervenche se penchaient.

—Monsieur Jean-Jacques, voici les petites fleurs que vous aimez tant, ajouta Georgette avec joie.

La jeune fille, en passant près de la haie d'aubépine, avait aperçu la fleur bleue, elle avait fait rapidement sa moisson et était arrivée à temps dans la salle du repas pour donner à Jean-Jacques la double satisfaction de voir son lait sauvé du naufrage et sa fleur bien-aimée venir à lui comme par enchantement.

A partir de ce jour, Rousseau prit la jeune villageoise en affection plus marquée, il causa plus souvent et plus longuement avec elle, et un matin qu'il la trouva triste, il voulut connaître la pensée qui s'était glissée dans l'esprit de sa petite amie. Il l'interrogea.

—Monsieur Jean-Jacques, j'ai bien du chagrin, répondit Georgette; j'espérais cette année *avoir mon églantier*, mais M. le curé m'a dit hier que ce ne serait pas encore pour cette fois.

Rousseau ne comprit pas la phrase de la jeune fille; elle s'en aperçut et donna l'explication de la formule populaire qu'elle avait empruntée au langage de la localité.

—Vous ne savez pas ce qu'on entend par *avoir son églantier*..., je vais vous le dire. C'est un usage du hameau de Romainville, où ma bienfaitrice habite.

Un vieux curé qui vivait il y a deux cents ans avait établi un usage dans sa paroisse : chaque année, le dimanche de la fête patronale, toutes les jeunes filles se réunissaient au presbytère; elles formaient une assemblée dans laquelle chacune disait tout haut le nom de celle qui lui paraissait la meilleure fille du village, la plus soumise à ses parents, la plus exacte à remplir ses devoirs, la plus charitable envers les pauvres. Le bedeau écrivait chaque nom prononcé..., et puis M. le curé comptait, et celle qui avait eu le plus de voix... obtenait l'églantier...

—On lui donnait une rose? interrogea Jean-Jacques.

—Oh non! dit Georgette, on lui en donnait plus de mille, et voici comment : le nom de la jeune fille qui était préférée était donné à un beau rosier...; le curé lui disait : *Églantier, tu t'appelleras Fanchette, Louison ou Marie; tu produiras autant de roses que ta marraine fera de bonnes actions.*

Le curé avait fait don d'un vaste terrain au canton, et il allait planter en procession chaque année le rosier nouvellement baptisé. Ce jour-là chaque jeune fille faisait la cueillette de l'églantier qui portait son nom, et plus la jeune fille avait été sage, plus le rosier produisait de fleurs.

Les rosiers ont un peu dégénéré, poursuivit Georgette en poussant un petit soupir : ils ne donnent plus autant de fleurs que par le passé, mais l'usage existe toujours, on y tient dans le village; nous ne faisons plus la cueillette des roses parce qu'il y a beaucoup de tiges qui n'en produisent plus, mais on plante encore l'églantier et les jeunes filles sont fières et désireuses de lui donner leur nom. C'est un honneur, et on trouve plus facilement un mari.

Jean-Jacques et Bernardin de Saint-Pierre mirent à profit cette confidence. Georgette était une habile travailleuse; elle jouissait dans le canton d'une bonne renommée : les deux amis se rendirent au modeste presbytère de Romainville. Ils plaidèrent la cause de l'orpheline. Le curé les écouta en juge qui ne demandait qu'à subir l'influence de la parole des avocats, et ceux qu'il avait devant lui n'étaient pas de la moindre espèce.

Le lendemain de la conférence, toute la paroisse de Romainville, le clergé avec la bannière en tête, se dirigeait vers le champ du vieux curé. Un jardinier, revêtu d'un costume coquet que relevaient des nœuds de rubans de couleur éclatante portait une jeune et verte tige d'églantier. Le cortége s'arrêta au milieu d'une pépinière d'arbustes qui symbolisaient les bonnes œuvres et les belles actions de plusieurs générations pour la plupart éteintes. L'églantier fut mis en terre, le prêtre leva sur lui l'aspersoir et les gouttes d'eau bénite tombèrent en rosée; il prononça les paroles d'usage sur l'églantier, qui reçut le nom de Georgette Morin.

La jeune amie des deux philosophes fut tout étourdie de la marque d'honneur qu'elle avait obtenue. Elle comprit qu'une influence supérieure avait rapproché pour elle l'heure de la plantation de l'églantier qui venait de prendre son nom. Elle rapporta tout l'honneur de la victoire à ses deux protecteurs, et elle rêva au moyen de leur témoigner sa reconnaissance.

L'occasion se présenta, et l'intelligente jeune fille, secondée par les inspirations de son cœur, sut en tirer parti.

Le cabaret champêtre qui servait de lieu de rendez-vous et de réfectoire aux deux principaux personnages de cette histoire était situé, comme nous l'avons déjà dit, sur le bord d'un chemin vicinal. Quelques maisons se prolongeaient de droite à gauche et formaient une ligne d'habitations occupées par de paisibles rentiers ou par des marchands d'objets de consommation ménagère.

La ligne parallèle était tracée par la haie vive qui servait de clôture à des vergers ou à des cultures potagères. Au-dessus apparaissait un joli paysage vers lequel s'abaissaient de riantes collines.

Bientôt le joli vis-à-vis de la taverne champêtre se modifia; des travaux de maçonnerie vinrent attrister cette partie si gaie du voisinage; des maisons s'élevèrent, l'industrie usurpa l'espace que l'agriculture occupait, et dans une demeure qui se construisit à la place même où la jolie pervenche bleue avait apparu, vint se loger un de ces artisans dont la présence est un fléau pour la tranquillité.

Depuis quelque temps, Jean-Jacques avait pris l'habitude de passer la nuit à l'hôtellerie des prés Saint-Gervais. Il travaillait alors à la composition de son opéra, *le Devin du Village;* il se levait aux premiers rayons du soleil, et se plaçait sous un petit berceau que la vigne vierge tapissait et qui avait vue sur le chemin.

Quelle fut la tristesse de l'écrivain quand un matin, après avoir tracé quelques naïves paroles de sa pastorale lyrique, il entendit un affreux roulement de coups de marteau précipités qui partaient de la maison située vis-à-vis. Pendant la nuit, un tonnelier avait pris possession des chambres du rez-de-chaussée; il avait terminé plusieurs tonneaux et il commençait à les cercler, c'est-à-dire à les étreindre dans leur ceinture en frappant sur les cercles à grands coups de maillet et de masse de fer. Ce bruit discordant, répercuté par la sonorité des futailles, produit sur les fibres impressionnables un effet plus irritant que le bruit de l'enclume battue par le forgeron.

Pour aggraver la situation, le tonnelier, pressé pour ses livraisons, s'était adjoint trois vigoureux compagnons qui luttaient de force et d'agilité dans cet ensemble de travail anti-harmonique.

Jean-Jacques, si prompt à ressentir les impressions, laissa échapper un cri d'anathème contre les sauvages qui accompagnaient ainsi sa poésie. Son humeur prit une teinte âcre et morose qui déteignit sur ses paroles ; tous ceux qui l'approchèrent ce jour-là reçurent un accueil désobligeant, et la pauvre Georgette elle-même ne fut pas à l'abri d'un accès de brusquerie.

Elle s'éloigna les larmes aux yeux, ne sachant à quoi attribuer ce mouvement de mauvaise humeur ; et elle ne le devina que le lendemain, car, s'étant approchée doucement de la fenêtre où Jean-Jacques avait coutume de prendre le frais à son lever, elle le vit faire un geste de colère dans la direction de la boutique nouvellement occupée, et elle entendit ces mots : « Si les hommes étaient assez bien organisés pour boire de l'eau et pour vivre dans les bois, ils n'auraient pas besoin de tonneaux. »

A ce moment, le bruit des marteaux ayant recommencé, et Rousseau ayant fermé la fenêtre avec violence, la pauvre enfant effrayée s'enfuit, puis elle fit quelques pas vers la maison nouvellement construite, et se dit : « Les coups de marteau ont sans doute effarouché les rossignols que M. Jean-Jacques aime à entendre le matin; il s'est fâché. » Elle reprit alors la route de Romainville, triste et pensive. Cependant chemin faisant, un petit signe de contentement vint à percer sur sa figure boudeuse : Georgette avait conçu un projet qui fut mûr aussitôt qu'il eut germé.

La jeune fille resta éloignée pendant quatre jours de la maison qu'habitait Jean-Jacques. Au cinquième jour, l'auteur du *Devin du Village* s'inquiéta de cette absence : il s'était habitué à la conversation de Georgette. Il attribua sa retraite à la manière dont il l'avait reçue, et il se reprocha son injustice. Il espéra ensuite que Georgette reviendrait; au moment où cette pensée se présenta à lui, on heurta à la porte. Rousseau eut le pressentiment que c'était la fugitive ; il s'était abusé, et la personne qui entra dut voir sur le visage du philosophe que cette visite ne procurait pas une surprise des plus agréables à l'écrivain.

—Que voulez-vous? demanda brusquement Jean-Jacques au nouveau venu, qui portait le costume d'ouvrier.

—Monsieur Jean-Jacques, dit l'ouvrier, je suis votre voisin le tonnelier.

Rousseau lança au visiteur un regard foudroyant.

—Je suis votre voisin le tonnelier, répéta l'ouvrier; et j'ai vu plusieurs fois, à vos mouvements, que vous aimeriez mieux avoir en face de vous un clavecin qu'un tonneau.

Rousseau, dont l'humeur variable prit en ce moment une teinte moins sombre, se mit à sourire en signe d'adhésion à la pensée du tonnelier.

—Vous fabriquez des comédies, mon voisin, ajouta l'ouvrier; c'est un métier que tout le monde ne saurait faire, et ceux qui ne peuvent pas s'y livrer ne doivent point l'empêcher.

L'écrivain regarda le tonnelier pour saisir sa pensée avant qu'il l'exprimât.

L'ouvrier lui laissa le temps de deviner, et, après avoir fait quelques pas dans la chambre, il ajouta :

—Voilà ce que je veux faire en votre faveur, voisin, et pour vos oreilles : j'ai de l'ouvrage pour vingt journées d'ouvriers; je pourrais n'en prendre qu'un tous les jours, et pendant vingt jours je vous casserais la tête.—Passons un marché.—Je prendrai deux ouvriers tous les deux jours : le jour où je travaillerai, vous vous en irez à Paris; et moi, le jour où vous ferez vos comédies, je resterai les bras croisés dans ma boutique; ainsi, nous aurons chacun un jour, vous pour vos pièces, et moi pour les miennes... Ça vous va-t-il, voisin? dites-le. En affaires, je suis rond comme mes futailles... Je vous laisse vingt-quatre heures pour vous décider, et jusque-là le marteau ne donnera pas une note.

Jean Jacques n'eut pas le temps de répondre à ce singulier voisin : celui-ci avait gagné rapidement sa boutique. Rousseau ayant voulu quelques moments après lui rendre une visite, et le remercier de sa proposition sans savoir encore s'il accepterait, il trouva la boutique fermée, et il lut en grosses lettres tracées à la craie : « *Relâche pendant vingt-quatre heures.*

Cette inscription, empruntée au vocabulaire théâtral, et qui était une allusion à la position réciproque des deux voisins et à l'armistice accordé par le tonnelier, amena le sourire sur les lèvres de Rousseau.

Quand Jean-Jacques se retourna pour rentrer au logis, il trouva Georgette sur le seuil de la porte; il l'embrassa avec effusion, et comme tout semblait tourner dans cette journée au gré des souhaits de l'écrivain, la gaîté anima sa figure sérieuse, et il proposa à Georgette de faire une petite excursion dans les champs. La jeune fille sauta de joie comme si le désir de Rousseau eût prévenu le sien.

—Georgette, dit Jean-Jacques, aujourd'hui c'est toi qui me guideras : choisis la route que tu veux prendre.

La jeune fille remarqua mentalement qu'une bonne étoile la servait au gré de ses vœux.

La promenade s'engagea par les jolies ruelles de feuillage qui, dans leurs caprices, revenaient sur elles-mêmes comme pour prolonger le charme que le voyageur trouvait à les parcourir. A l'issue de ce labyrinthe, on touchait, alors, à la lisière de Romainville.

Quand la jeune fille et le philosophe se trouvèrent là, Georgette, qui avait fait quelques pas en avant, revint vers son compagnon de voyage, et lui présenta une petite branche de pervenche que le hasard, dit-elle, avait placée sur son chemin... Rousseau prend la fleur des mains de la jeune fille, puis Georgette continue sa course.

« En voici encore, ajouta-t-elle en revenant; et elle apportait une nouvelle fleur bleue à Rousseau, qui s'étonnait de voir la route jonchée de sa plante privilégiée, ainsi détachée de ses racines.

A chaque pas, le bouquet grossissait.

Rousseau contemplait la fleur qui réveillait en lui tant de souvenirs, et le rapprochait du passé et de la jeunesse. Sa main ne suffisait plus au faisceau que les tiges formaient... Il joignait ses deux bras pour recevoir les gerbes vertes de feuillage dans lesquelles se jouaient les fragiles pétales bleus, emblèmes *du doux souvenir*.

—Venez vite, venez vite, monsieur Jean-Jacques, s'écria Georgette, je tiens toute la nichée des pervenches... Georgette avait disparu dans une touffe de verdure formée de noisetiers et de châtaigniers.

Jean-Jacques hâte le pas; il obéit à la voix qui l'appelle. Quelle est sa surprise, son émotion : il se trouve dans un délicieux bosquet où de tous côtés la pervenche se dresse dans le feuillage, court parmi les fleurs, rampe au milieu des mousses. Un rideau de feuilles s'entr'ouvre et une jolie maisonnette, d'un aspect ravissant, se présente aux regards de Rousseau... Une voix connue se fait entendre : c'est celle de Bernardin de Saint-Pierre, qui arrive tout étonné d'avoir été invité à venir prendre dans un nouveau réfectoire une tasse de café à la crème de la composition de Jean-Jacques.

Tout s'explique : la jolie maisonnette appartient à Mme Valvin, la dame charitable qui a recueilli Georgette. Cette dame a été récompensée par la Providence des soins qu'elle a donnés à l'orpheline et elle vient de gagner un procès qui lui assure une douce aisance. Elle a su par Georgette l'affection que portaient à sa fille adoptive Jean-Jacques Rousseau et Bernardin de Saint-Pierre; elle connaissait le plaisir que ces deux grands écrivains éprouvaient à préparer leur déjeuner, et elle a cru faire le bonheur de l'aimable enfant en ménageant aux deux amis une surprise dont ils pourront prolonger le plaisir autant qu'ils le voudront en accordant à Romainville la préférence sur les prés Saint-Gervais.

Rousseau voulut gronder Georgette; elle sauta au cou du vieillard, qui avait été dupe des pervenches semées sur la route, et qui n'étaient qu'un moyen renouvelé du petit Poucet retrouvant son chemin grâce aux miettes de pain laissées derrière lui.

—Vous m'avez donné mon églantier, dit Georgette avec une expression animée de reconnaissance et de joie : je vous ai rendu des pervenches.

Jean-Jacques Rousseau et son élève vinrent quelquefois faire visite à Mme Valvin ; mais ils ne profitèrent pas de son offre obligeante. Le temps allait arriver où les circonstances devaient séparer les deux illustres écrivains, dont l'un était déjà auteur d'*Émile*, et dont l'autre allait devenir père de ***Paul et Virginie***. La destinée brisa leurs relations, et tous deux moururent éloignés l'un de l'autre.

Georgette fut mise dans un pensionnat, où toutes les bonnes qualités qui existaient en germe dans l'esprit et le cœur de la jeune fille se développèrent rapidement.

Le brave tonnelier, dont Rousseau refusa la proposition cordiale, obtint, en compensation, l'honneur de fournir un tonneau de sa fabrique à l'Opéra, le jour de la première représentation du ***Devin du Village***. Le même tonneau servit plus tard d'orchestre au ménétrier qui fit danser les filles du village sur les paroles et la musique de Jean-Jacques.

LA PRINCESSE FOEDORA.

I

Un cavalier soigneusement enveloppé dans son manteau, le chapeau rabattu sur les yeux, se dirigeait avec mille précautions et par des sentiers à peine frayés vers le couvent de *Susdal* [1]. Notre mystérieux personnage montait un coursier à demi sauvage et choisi sans doute parmi ces hordes fougueuses de chevaux libres peuplant certaines forêts de la Russie, car une longue et inculte crinière fouettait les flancs de l'animal dont les pieds laissaient à peine leur empreinte sur le sol amolli par la fonte des neiges.

Bientôt la sainte demeure s'offre à la vue du cavalier. Il quitte la selle, s'approche d'une porte basse qu'il fait, au moyen d'un ressort adroitement pressé, rouler sans bruit. L'homme et la monture franchissent alors le

[1] Ville russe.

seuil du couvent, traversent une avenue plantée des plus sombres arbres du nord et arrivent devant un corps de bâtiment entièrement construit en bois. Le cavalier frappe deux coups dans ses mains : presque aussitôt se présente une jeune fille appartenant à la classe des serfs; elle murmure quelques paroles de bienvenue et prend la bride du cheval, qui se laisse docilement conduire par cette main délicate.

Quant au maître, il avait déjà pénétré dans l'intérieur du bâtiment.

La recluse en présence de laquelle il se tenait maintenant incliné, chapeau bas, attendant respectueusement qu'on l'interrogeât, pouvait compter quarante ans environ et ne montrait sous l'habit religieux rien de l'humilité qui distingue les modestes servantes du Seigneur. Bien que de longues insomnies parussent avoir rougi les paupières de celle-ci, de graves soucis avoir creusé près des tempes deux ou trois rides précoces, son regard avait conservé une énergie toute juvénile, son front une noblesse primitive et sa bouche une expression d'orgueil originel.

Telle nous trouvons, à l'époque où commence notre récit, Eudoxie-Théodora, la première épouse de Pierre-le-Grand.

Après avoir, par l'emportement d'un esprit toujours prêt à fomenter de nouveaux complots, forcé le Czar à la répudier, Eudoxie s'était, en effet, vue reléguée, sous le nom d'Hélène, entre les murs du couvent de Susdal. Là, elle ourdissait encore contre le souverain les trames de mainte conspiration, tandis que Pierre-le-Grand épousait une captive qui devait rendre si célèbre le nom de Catherine.

Eudoxie leva les yeux et dit seulement au cavalier :

— Je vous revois avec plaisir, capitaine Amanassief.

La czarine déchue indiqua de la main un escabeau et continua à marquer certains points d'une carte d'Europe sur laquelle, bien certainement, elle posait les jalons de quelque audacieuse entreprise.

Nous avons donc le temps de faire plus ample connaissance avec le capitaine Amanassief.

Le capitaine était, pour nous servir d'une expression vulgaire, un homme entre deux âges. Ses manières, son costume révélaient des habitudes militaires. Pierre-le-Grand, qui en plusieurs occasions avait remarqué sur les champs de bataille le courage froid, réfléchi d'Amanassief, simple soldat, l'avait rapidement élevé de grade en grade. Le nouvel officier ne s'était pas montré plus ému d'un tel avancement que ses compagnons d'armes n'en avaient témoigné de jalousie : celui-ci avait l'espoir et la volonté de s'élever plus haut encore, ceux-là s'étaient inclinés devant un acte de bonne justice. Cependant, hors des camps, le czar s'était défié de l'humeur audacieuse et entreprenante du soldat parvenu, et l'avait, en dépit de plusieurs hauts faits d'armes, éloigné du conseil. Le capitaine n'avait laissé échapper ni murmure, ni récrimination. Ce que bien des gens appelaient ingratitude de la part du monarque n'était, à l'avis du soldat, qu'un déplorable aveuglement. « C'est Pierre, répétait fort tranquillement le dernier, qu'il faut plaindre de ce qu'il méconnaît le mérite d'Amanassief, et non point Amanassief. » Le capitaine se flattait intérieurement, au reste, de trouver sans peine l'emploi des dons précieux qu'il avait reçus de la nature. Tant pis alors pour le czar s'il se trouvait sur la route d'Amanassief.

On a déjà compris à demi que ces prévisions un peu présomptueuses s'étaient néanmoins réalisées.

Eudoxie avait enfin terminé le travail géographique dont nous avons parlé. Elle se rejeta en arrière avec un mouvement plein de majesté, et reprit :

—Vous m'avez laissée dans une grande impatience, capitaine.

—Madame, répondit Amanassief en se levant, les espions du czar sont nombreux, et je ne puis pas agir toujours au gré de mon empressement.

—Vous jouez votre vie, je le sais.

—Oh ! fit indifféremment le capitaine, je n'ai jamais eu à offrir, jusqu'à ce jour, d'autre enjeu à la fortune. Voilà trente ans que nous poursuivons, elle et moi, la même partie.

—Terrible partie !

—Sans revanche pour moi, s'il m'arrive une fois de perdre la première manche.

—Ainsi, vous avez toujours gagné, vous?

—Et j'espère gagner encore, gagner plus sûrement que par le passé, puisque vous m'avez, madame, accordé cette gloire d'être votre partenaire.

—Dites-vous vrai?... Pourrai-je à mon tour chasser du trône qui m'en a fait descendre, et humilier qui m'a humiliée?

—Peut-être... Le nombre des mécontents augmente chaque jour; je leur ai communiqué vos plans, unanimement approuvés, et ils n'attendent...

—Attendre!... Attendre encore!... Que vous manque-t-il : est-ce de l'or? Ouvrez cette cassette ou plutôt prenez-la, emportez-la : elle renferme le reste des bijoux que j'ai pu soustraire à la rapacité de mes ennemis. Je n'ai plus d'autre richesse : faites-en l'usage que vous jugerez le meilleur; mais cessez d'attendre : c'est ma volonté !

—Depuis longtemps, madame, il dépend de vous seule que nos épées sortent enfin du fourreau, et j'ose vous le rappeler, ce n'est pas nous qui avons hésité.

Les sourcils d'Eudoxie se froncèrent.

—Capitaine, ajouta-t-elle, doit-il encore être question du prince Alexis, mon fils?

—Ayez le courage, repartit Amanassief qui ne se laissait pas facilement intimider, de décider, par une prière écrite, le jeune prince à déployer l'étendard de la révolte, et le succès est certain.

—La victoire est un peu moins douteuse, voilà tout, et je ne consentirai point à exposer mon fils au terrible ressentiment du czar. Périssent plutôt mes projets !

—Réfléchissez, madame, insista le capitaine, réfléchissez encore, je vous en supplie humblement, à la réponse que je vais rapporter sur ce point aux nombreux boyards conjurés qui en sollicitent une toute contraire et plus favorable à leurs desseins !

—Vous leur répondrez, capitaine Amanassief, qu'avant d'être épouse outragée j'étais mère !

Amanassief, en s'inclinant froidement pour toute réplique, sembla bien plus demander son congé que faire acte d'adhésion ou même de soumission.

—Encore un mot, capitaine, continua Eudoxie d'une voix pleine d'anxiété et presque suppliante cette fois : Vous êtes le confident d'Alexis ?

—Le prince me témoigne, il est vrai, quelque confiance.

—Eh bien, tenez, je n'ordonne plus, je prie maintenant : contentez-vous de rester pour lui un ancien compagnon de plaisirs, un ami même, oui, un ami, et ne vous faites ni son complice ni son conseiller : vous le perdriez ! Il ne possède point le courage d'un conspirateur, l'esprit qui conçoit un plan hardi, le bras qui pourrait accomplir une action vigoureuse.

—Ce qu'il nous faut, madame, c'est seulement un drapeau, c'est le nom du prince Alexis Petrovitz pour mot d'ordre et de ralliement.

—Ah ! vous êtes impitoyable.

—Non, madame, mais, ainsi que vous l'avez dit tout-à-l'heure, moi et mille autres nous jouons notre vie au terrible jeu des conjurations, et nous voulons nous assurer une excellente carte, une carte, pour m'exprimer comme en France, qui vaut le roi !

Alors, cette princesse qui, du fond d'un cloître, ne craignait pas de s'attaquer au grand czar, qui envisageait sans émotion les horreurs prochaines de la guerre civile, qui était disposée à prendre le commandement d'une armée de rebelles, tremblait à la pensée du danger que pouvait courir un seul homme, et se tordait les mains avec désespoir.

Peu de femmes accorderont peut-être leur sympathie aux tentatives audacieuses de la recluse ; toutes les mères, nous en sommes persuadé, comprendront ses angoisses.

Les dernières paroles du capitaine prouvaient à Eudoxie que vainement elle avait imposé silence à l'orgueil maternel en confessant l'infériorité morale et physique du prince Alexis sur les autres hommes, afin d'éloigner d'une tête si chère l'ombre même d'un péril. Elle chercha des arguments plus décisifs, et ne trouva qu'une exclamation qui pour Dieu eût été certainement la meilleure des raisons :

—C'est mon fils!

S'écria-t-elle.

Hélas! la pauvre mère avait à convaincre un auditeur dont l'ambition et l'égoïsme avaient depuis longtemps endurci le cœur. Cependant le capitaine, qui ne faisait guère du mal que ce qu'il jugeait nécessaire à son bien propre (et encore mettait-il certain scrupule à le faire courtoisement), crut devoir calmer autant que possible des inquiétudes dont il n'y avait aucun profit à tirer. Il reprit donc sur un ton moins rude, mais qui avait en même temps beaucoup perdu de sa franchise.

—Sans doute, sans doute, le prince est un enfant, et nous nous efforcerons de laisser à d'autres auxiliaires le poids d'une aussi lourde responsabilité. Ne se trouve-t-il pas d'ailleurs placé sous la sauvegarde immédiate de la princesse Fœdora Volfenbuttel, son bon ange?

— Oui : c'est ainsi que l'on appelle généralement la jeune épouse d'Alexis. Puisse-t-elle veiller sur lui avec la vigilance de ces invisibles et célestes ministres de salut dont elle a reçu le nom!

Eudoxie se tut et demeura rêveuse. Ses yeux s'étaient attachés sur un vase où se rafraîchissaient plusieurs plantes vivaces, à la tige grêle et haute, aux feuilles en cœur. Les fleurs qui couronnaient ces plantes étaient d'un rouge pourpré et formaient un bouquet odorant. De nos jours, les botanistes classeraient probablement la variété du végétal que nous venons de chercher à décrire parmi les primevères à feuilles de cortuse, originaires de la Sibérie. Il eût été difficile peut-être de rencontrer une espèce semblable de primevères ailleurs que dans le jardin du couvent, où l'on cultivait depuis longtemps diverses plantes avec un soin particulier.

Amanassief, par déférence, laissa un moment Eudoxie tout entière à sa contemplation ; cependant, comme il avait autre chose en tête que l'admiration des primevères, eussent-elles été les plus merveilleuses du monde, il ne tarda pas à rompre le silence.

—Vos derniers ordres, madame? demanda-t-il. Votre serviteur est prêt à les accomplir.

Quoique l'apostrophe troublât les préoccupations d'Eudoxie, elle parut savoir gré au capitaine de la protestation d'obéissance qu'il donnait ainsi spontanément, et qui s'accordait sans doute avec une pensée de la mère d'Alexis. Elle répondit en prenant le vase qui contenait les primevères.

—Capitaine, quelque puérile que vous puissiez juger la mission que je songe à vous confier, promettez-moi de la remplir scrupuleusement.

—Il ne m'appartient pas, madame, de peser vos volontés : mon devoir et mon ambition se bornent à les exécuter.

—J'avais besoin d'une semblable assurance, car le malheur m'a inspiré une certaine crédulité religieuse, ou, si vous l'aimez mieux, des superstitions inconnues aux habitants d'un palais, mais dans lesquelles je puise souvent un nouveau courage, une bienfaisante confiance. Au milieu de la solitude, de l'abandon, l'on se sent entraîné à étudier les secrets de cette Providence qui règle les destinées humaines, et je me suis laissé convaincre, par différentes observations, que les oiseaux, les rayons du soleil, les plantes, et tout ce que le ciel a créé autour de nous, sont autant de missionnaires dont il se sert pour nous envoyer l'espérance ou le salut. Par l'amour, une mère participe de Dieu à l'égard de ses enfants : emportez ces fleurs, donnez-les à mon fils ; qu'il les conserve en souvenir de moi; je les ai cueillies, je leur ai confié mes douleurs, elles viennent de boire une des larmes que je répands en pensant à lui : oui, oui, elles seront un talisman pour Alexis!

Eudoxie déposa les primevères dans une petite boîte simplement incrustée de nacre.

Chose étrange! le capitaine qui n'avait jamais aimé personne, et qui, par conséquent, était incapable de comprendre les charmantes illusions de la tendresse, prit, avec plus d'empressement qu'il n'en avait encore témoigné, l'engagement de remettre au prince les fleurs tutélaires. La petite boîte sembla lui être devenue plus précieuse que la riche cassette où étaient enfermés les bijoux.

Si Eudoxie eût remarqué le méchant sourire qui errait sur les lèvres d'Amanassief lorsqu'il s'inclina devant elle avant de quitter la cellule, peut-être se fût-elle rappelé qu'entre certaines mains les talismans changeaient de vertu et pouvaient donner la puissance de perdre ceux-là mêmes qu'ils étaient destinés à protéger.

Après avoir fait honneur à un excellent repas et s'être reposé pendant quelques heures, le capitaine remonta à cheval et partit au galop.

Placée derrière une draperie qui, sans que l'on fût exposé à être vu du dehors, permettait de regarder au loin, par une fenêtre du palais, la princesse Fœdora Volfenbuttel épiait le retour de son époux. Plusieurs fois elle laissa retomber la draperie, la souleva de nouveau, et ne donna cependant aucun signe d'impatience.

Un observateur un peu exercé eût même pu s'apercevoir que la princesse mettait une légère ostentation à réprimer tout sentiment de déplaisir ; ajoutons qu'au fond du cœur elle se sentait orgueilleuse du mal dont elle souffrait certainement, et qu'on appelle le chagrin de l'absence. La cause de ce mal était en effet le plus bel ouvrage de Fœdora, car si le prince Alexis se trouvait retenu loin de la princesse par les nobles travaux auxquels il avait longtemps préféré les plaisirs de la licence et les douceurs du repos, c'était grâce à l'empire que la jeune femme exerçait par son intelligence et sa beauté sur le caractère indolent, l'esprit dépravé de celui-ci.

Malgré les reproches, les menaces, les prières du czar, Alexis Petrovitz était demeuré jusqu'à l'âge de vingt-deux ans plongé dans une indigne inertie ou livré aux plus coupables déréglements. On pourra juger quelle avait dû être l'indignation de Pierre-le-Grand par ces paroles adressées publiquement à son fils, la veille du jour où la princesse de Volfenbuttel fut unie à ce dernier :

« J'attendrai encore un peu de temps pour voir si vous voulez « vous corriger ; sinon sachez que je vous priverai de ma succes- « sion comme on retranche un membre inutile. N'imaginez pas « que je ne veuille que vous intimider ; ne vous reposez pas sur « le titre de mon fils unique : car si je n'épargne pas ma propre « vie pour ma patrie et pour le salut de mes peuples, comment « pourrais-je vous épargner ? Je préférerais les transmettre « plutôt à un étranger qui les mérite, qu'à mon propre fils qui « s'en rend indigne[1]. »

Or, depuis son mariage, Alexis avait peu à peu renoncé à ses anciennes habitudes de mollesse et de désordre. Il assistait fréquemment aux laborieuses délibérations du conseil, partageait dans les camps la fatigue des soldats. Les scènes violentes dont le czar et son fils donnaient le scandaleux spectacle étaient devenues plus rares de jour en jour, et avaient fini par ne plus se renouveler.

Fœdora, nous l'avons dit, était la fée, ou mieux encore le bon ange, ainsi qu'on l'appelait, qui avait opéré un changement aussi

[1] Une des plus terribles condamnations qu'ait enregistrées l'histoire prouva plus tard que les menaces de Pierre-le-Grand n'étaient rien moins qu'exagérées.

heureux. Elle avait donc bien raison de se sentir fière d'une pareille œuvre. Ce légitime orgueil inspirait à la jeune princesse le courage de continuer la même tâche jusqu'au bout, en sacrifiant au bien de l'État, à la gloire d'Alexis, la douce satisfaction de retenir à ses pieds un époux tendrement aimé.

Le prince, revêtu du riche costume d'officier, parut enfin au moment où Fœdora, qui l'avait vainement attendu la veille et luttait héroïquement depuis le matin contre l'ennui, essayait de refouler une larme.

Alexis s'élança vers la princesse, qu'il trouva presque impassible. La larme s'était évaporée comme par enchantement, et n'avait laissé aucune trace.

—Mon absence a été bien longue, dit-il, en prenant les mains de Fœdora, et j'ai vingt fois conçu le dessein de revenir en ces lieux... Ne m'avez-vous point accusé d'oubli?

—Non vraiment, répondit la princesse avec une insouciance parfaitement simulée.

—Mon retour du moins vous est-il agréable?

—Il m'a tout d'abord surprise ; je n'y étais point préparée.

Alexis abandonna tristement les mains de la jeune femme. Alors celle-ci ne put résister à l'entraînement de son cœur, et ajouta d'une voix remplie de tendresse :

—Mais j'en suis heureuse maintenant, et je vous aime d'avoir résisté à la tentation d'oublier, de fuir vos devoirs pour moi. Oui, oui, je suis heureuse de votre retour..., de votre présence.

Un rayon de joie éclaira le visage du prince ; il déboucla le ceinturon auquel était suspendue une riche épée, et donna l'arme à un serviteur, moitié soldat, moitié valet, qui attendait des ordres.

—Que cette épée est pesante! dit Alexis. Azermi, va la replacer dans le trophée d'où je ne l'avais détachée que pour plaire à la princesse.

Le serviteur disparut.

Alexis se laissa tomber sur un lit de repos, et reprit :

—Répétez, Fœdora, répétez le charmant aveu que vous avez enfin fait entendre. Qu'il devienne le prix de mes efforts, qu'il en marque le terme!

—Prince, voici l'heure du conseil, poursuivit froidement Fœdora, dont le visage avait repris sa première expression d'insensibilité.

— Que m'importe! Près de toi, maintenant et toujours, je ne veux plus savoir le nombre des heures. Le moment futur ne doit-il pas désormais ressembler à l'instant qui l'aura précédé, tout mon temps appartenir au bonheur, à notre mutuelle tendresse?

—Voici l'heure du conseil, dit une seconde fois la princesse ; de graves intérêts y seront débattus. Le czar a ordonné que l'on vous réservât une place à son côté. Allez donc la remplir, Alexis, car c'est là, et non point ici, que vous apprendrez le grand art de gouverner ; vous apprendrez...

—Je sais aimer, Fœdora ! répondit simplement le fils du czar.

Quelques minutes de silence suivirent ces paroles. L'épouse d'Alexis se sentit prête à oublier de nouveau la mission qu'elle avait résolu d'accomplir, et, un moment, la femme parut devoir l'emporter en elle sur l'ange. La victoire cependant demeura au second. Fœdora continua :

— Non, prince, non, vous ne savez point m'aimer comme je voudrais l'être. Aimez-moi dans ma vanité, dans mon orgueil, et non point dans ma personne, de même que je n'affectionne en vous que l'héritier de Pierre-le-Grand, le czar futur. Plus vous serez grand, plus vous serez chéri. Mesurez vos droits à mon attachement sur la grandeur de vos travaux ; marchez sur les traces glorieuses de votre père : voilà le seul chemin de mon cœur. L'heure que vous passez auprès de moi est celle que je regrette le plus.

— Oh ! vous me trompiez donc lorsque vous m'assuriez tout-à-l'heure que ma présence, mon retour, vous rendaient heureuse.

—Tout-à-l'heure j'ai manifesté la satisfaction de vous voir obéir avec empressement aux ordres du czar qui vous a rappelé à Moscou, afin que vous puissiez prendre part aux nouvelles délibérations du conseil, et pour vous donner, je crois, la mission d'aller refouler les Tartares. Je ne m'en défends pas : je suis heureuse de songer que vous allez faire vos premières armes contre ces peuplades intrépides. Je m'enorgueillis des périls que vous devez braver, de...

—Grâce!... grâce!..., s'écria le prince atterré en tendant les mains vers Fœdora. Suppliez le czar de m'épargner!.. Mes forces sont épuisées...

—Vous voulez donc que je vous haïsse?... répondit dédaigneusement la princesse. Ah ! par générosité pour vous, par pitié pour moi-même, je ne saurais vous écouter plus longtemps.

Et Fœdora s'éloigna rapidement. Ses forces étaient épuisées. Pauvre enfant! comme elle avait courageusement menti! et combien elle avait besoin d'élever ses souffrances à Dieu !

Alexis laissa échapper un gémissement sourd, se leva, et frappa sur un timbre. Des pas légers s'étant fait entendre, il supposa que le serviteur appelé par le son du timbre venait d'entrer.

—Mon épée, dit le prince, je me rends au conseil.

—Les Tartares attendront bien que nous ayons vidé un flacon de Syracuse, répondit derrière Alexis une voix un peu railleuse.

Il se retourna vivement, et reconnut, non sans témoigner quelque plaisir, le capitaine Amanassief.

—De quelle taverne sors-tu? demanda le premier. L'on m'avait assuré que depuis quatre jours tu étais devenu invisible.

—Pouah ! l'air de la cour ne convient point à mes poumons ; je jaunis, moi, dans les palais. J'ai fait un petit voyage d'agrément en attendant votre retour, prince, et ma bonne étoile a voulu que je rentrasse à Moscou par une porte pendant que vous arriviez par l'autre.

—Toujours insouciant, heureux Amanassief !

—Et vous, cher prince, toujours bon fils, bon mari, et assez triste mortel ?

—Amanassief!

—Oh! permettez-moi de vous parler avec la même liberté qu'autrefois.

—Je ne suis plus pour vous, capitaine, un compagnon de plaisirs...

—Tant pis, par saint Michel!

—Je suis, pour tous, le czarovitz, auquel il faut tenir un autre langage.

—Préférez-vous que je vous sonne comme une horloge l'heure où commence le conseil, que je vous prêche une croisade contre les Tartares?

—Insolent! vous avez surpris l'entretien qui vient d'avoir lieu entre la princesse et moi.

—Je me suis trouvé là, à l'entrée de cette galerie, et je n'ai entendu que ce que vous m'eussiez confié aujourd'hui ou demain. Votre bon ange s'est envolé, et...

—Tu arrives, démon... mais je te chasserai.

Amanassief haussa légèrement les épaules, alla prendre des mains d'Azermi qui entrait un plateau chargé de divers flacons et de plusieurs coupes.

« Laisse-nous, ordonna le capitaine à l'oreille du serviteur, et fais bonne garde. »

Puis il posa le plateau sur une table, déboucha le premier flacon, et remplit une coupe jusqu'aux bords.

Le prince regardait machinalement Amanassief dont l'assurance, la hardiesse exerçaient une espèce de fascination sur cet esprit faible et timide.

—Qui a commandé d'apporter ici ce vin et ces liqueurs? interrogea le prince, en accompagnant sa question d'un regard presque reconnaissant.

—Moi, répondit Amanassief. J'attendrai ainsi en bonne et noble compagnie que vous sortiez du conseil. Voyez : chaque carafon porte son blason suspendu au col : « Lacryma-Christi, eau des Antilles, vins français. »

Alexis fit un pas vers la table, hésita, s'arrêta et finit par murmurer :

« Non, il est l'heure de me rendre au conseil. »

Hélas ! cette réflexion n'était plus qu'un écho bien affaibli de la résolution exprimée plus haut et en termes à peu près semblables.

Pendant le même temps, Amanassief, renversé sur un excellent siége, vidait lentement la coupe qu'il avait emplie ; il reprit à demi-voix et sans paraître accorder aucune attention au czarovitz :

« Voilà un breuvage qui date de cent ans ; je gagerais pour une année antérieure à 1650, contre un gourmet digne de tenir ma gageure. »

—Oh ! oh ! dit vivement Alexis, tu pourrais bien perdre, si je t'accordais l'honneur de relever ton défi.

—Présomption de prince ! Je suis certain de ce que j'avance, et je préciserais jusqu'au mois de l'année où certains vins sont sortis du pressoir.

—Fanfaronnade de capitaine ! Allons, verse-moi une coupe de cet antique breuvage ; je ne veux pas te laisser une aussi facile victoire.

Une heure plus tard, plusieurs flacons étaient vides, et Alexis était redevenu le compagnon de plaisirs du capitaine Amanassief.

On n'eût plus reconnu alors dans le prince ce jeune homme pour lequel l'existence semblait être un fardeau. Ses yeux brillaient d'un éclat que peu de regards eussent pu soutenir. Sa tête, ordinairement inclinée, se relevait maintenant orgueilleuse et intelligente ; sa poitrine, enfin, aspirait avec une force qui l'eût brisée auparavant, une vie nouvelle et inconnue.

—Ah ! prince, s'écria Amanassief, que ne m'a-t-il été permis hier de vous peindre à la malheureuse Eudoxie, votre mère, camme vous voilà présentement : libre de tous soucis, de toute contrainte.

—Tu as pu pénétrer dans le couvent de Susdal? Tu as vu ma mère?

—Oui, et de tous les courtisans qui jadis se disputaient la pre mière place sur son passage, je suis le seul, je crois, qui ait essayé de franchir le seuil de l'humble cellule où elle gémit oubliée.

Alexis approcha de ses lèvres une coupe pleine, et ne la replaça sur la table que lorsqu'elle ne contint plus une seule goutte de liqueur.

« J'en atteste le ciel, poursuivit-il, et il appuya son serment d'un geste énergique et menaçant, j'irai moi-même briser quelque jour les portes du couvent, dont on fait une prison à ma mère! »

Le prince avait sans doute atteint le degré d'exaltation que souhaitait Amanassief, car celui-ci détourna doucement la main de son interlocuteur avant qu'elle se saisît d'un nouveau flacon, et il s'empressa d'ajouter :

—Pourquoi différer? Le jour de secouer un joug qui pèse sur votre repos, sur vos plaisirs, qui gêne jusqu'à l'amour légitime de la princesse Fœdora, votre épouse, le jour de délivrer Eudoxie Lapoukin [1] est arrivé.

—Que dis-tu?

—Je dis qu'un parti nombreux s'est formé pour renverser le czar, cet innovateur impie, qui ne craint pas de saper les bases de nos plus anciennes institutions, et de s'entourer du concours d'étrangers corrompus [2]. Toutes nos espérances se réunissent sur votre front comme une couronne que vous pouvez ramasser en vous baissant un peu : or, pour vous, la couronne c'est l'indépendance sans contrôle, la gloire sans fatigue. En conspirant, Eudoxie

[1] La première femme de Pierre-le-Grand est aussi connue sous les noms de Théodorouna Lapoukin.

[2] Les plus grandes contradictions qu'éprouva Pierre-le-Grand, quand il voulut créer un empire et former des hommes, vinrent de ce que toutes nouveautés paraissaient autant de sacriléges, et que l'on regardait comme des corrupteurs tous les étrangers dont il se servait pour exécuter ses grands desseins. (*Histoire de Russie.*)

Théodora n'ambitionne que les labeurs attachés au pouvoir souverain dont vous recueillerez seul tout le prestige.

Une expression de défiance et de colère se peignit sur le visage d'Alexis.

—Tu mens, ajouta-t-il, tu mens... et tu n'invoques le nom de ma mère que pour m'entretenir encore de tes complots éternels. Tu n'es pas allé au couvent de Susdal, ou du moins tu n'y as rien vu, rien entendu qui te donne le droit de parler ainsi.

Amanassief tira tranquillement d'une de ses poches le coffret que lui avait confié la recluse. Il le présenta au prince, et continua en posant le doigt sur une incrustation :

—Reconnaissez-vous ce chiffre?

—Oui, c'est celui de l'ex-czarine ; ce coffret appartient bien à ma mère.

—Doutez-vous que la princesse elle-même m'ait donné mission de le déposer entre vos mains?

—Non ; mais cela ne prouve qu'à moitié, tout au plus, la vérité de ce que tu avances.

—Ouvrez la boîte, et voyez ce qu'elle renferme.

Alexis se rendit au désir du capitaine.

—Des fleurs ! poursuivit-il.

—Le jardin seul du couvent en produit de pareilles; consultez......

—Je te crois ; elles y ont même été cueillies depuis fort peu de temps, car elles conservent encore un reste de fraîcheur. Demain, sans doute, elles seront entièrement fanées.

—Et tout espoir d'affranchissement, de repos, de liberté est perdu pour vous, et tombe en poussière avec elles.

—L'existence de ces fleurs se rattache-t-elle à ma destinée par quelque lien mystérieux? demanda le prince, en qui la première éducation avait développé le caractère superstitieux qu'il tenait de sa mère.

—Si je ne l'affirme point, je n'oserais du moins le nier.

—Toi, dont l'incrédulité...

—La conviction de la princesse Eudoxie m'a presque converti.

—Ah ! parle, je t'écoute : comment ma mère a-t-elle découvert ce mystère?

—La solitude et le recueillement ont permis à la malheureuse princesse d'approfondir bien des secrets accessibles seulement à la foi et à la méditation. « Portez, m'a-t-elle dit, ces primevères à mon fils; qu'il les reçoive comme un talisman, car elles ont fleuri pour son salut et le mien. Que le prince soit assuré que tout ce qu'il tentera avant qu'elles soient flétries doit réussir ! »

Alexis était en proie à une vive agitation. Il saisit de nouveau un flacon; les bords de sa coupe se couronnèrent encore une fois, et une fois encore il les porta à ses lèvres, puis il reprit d'une voix sourde :

—Qu'attendez-vous tous deux de moi? Que faut-il faire?

—Simplement consentir à monter sur le trône si le czar est forcé d'abdiquer.

—Ma naissance m'en impose l'obligation : je me soumettrai aux décrets du ciel.

—Vous plairait-il de transcrire cette assurance sur les tablettes que voici?

—Ma parole suffit, je pense.

—Il est à craindre que la mienne ne suffise pas à..... la princesse Eudoxie. N'avez-vous point vous-même, tout à l'heure, mis en doute ma sincérité?

Disons-le de suite : ce que le capitaine désirait surtout, c'était une preuve de la complicité du czarovitz au moyen de laquelle il pourrait exciter l'ardeur des conjurés indécis et en rallier de nouveaux.

Alexis prit d'une main fébrile les tablettes qui lui étaient offertes, et y écrivit la phrase suivante :

« Après Pierre-le-Grand, expulsé du trône, si Dieu le permet « et si la nation le veut, Alexis Pétrovitz, czar. »

—Souffrez, prince, que je vous prie, dit le capitaine, qui ne quittait pas des yeux la main d'Alexis, d'ajouter un peu au-dessous : « Confié à notre maréchal d'armée Amanassief. »

—Tu exiges des arrhes pour toi, insolent!

—Non; mais je voudrais seulement, si je suis tué à votre service avant que vous soyez czar, ne pas mourir simple capitaine.

La réponse désarma le prince; il ajouta le post-scriptum dicté par Amanassief, signa et rendit les tablettes à son complice.

Lorsque le capitaine s'éloigna, emportant l'arrêt de mort peut-être du czarovitz, celui-ci, renversé sur son lit de repos laissa échapper un soupir de béatitude et s'endormit.

Tous les flacons étaient vides.

Le coffret à demi ouvert était demeuré au milieu des coupes humides.

Tout à coup trois personnes apparurent. Dans celle qui marchait la première, il eût été facile, à sa taille haute, à sa physionomie fière et majestueuse, de reconnaître Pierre-le-Grand; puis venaient la princesse de Volfenbuttel et un de ces savants étrangers que le czar appelait en Russie par tous les moyens possibles.

—Je vous assure, mon père, disait Fœdora, que le prince Alexis est absolument soumis à vos augustes volontés, et que ses pensées, son ambition tendent désormais à mériter votre affection et à se montrer le digne héritier d'un royaume que vous faites si grand.

Pour toute réponse, Pierre-le-Grand désigna le prince qu'il venait d'apercevoir endormi, la main encore tendue vers le plateau sur lequel gisaient les flacons et les coupes. La boîte dont nous avons parlé frappa les yeux du monarque; il la prit, et se tournant vers Fœdora, il s'écria :

—Et vous, princesse, qui le défendez sans cesse contre ma juste indignation, voyez de quel prix votre tendresse est récompensée : ce gage de quelque amour...

Le czar s'interrompit brusquement; il venait d'apercevoir et de reconnaître le chiffre d'Eudoxie Lapoukin incrusté sur le couvercle du coffret.

« Je me trompais, » ajouta-t-il plus bas et en regardant attentivement les fleurs placées dans la boîte.

Un pli rida son front; un soupçon traversait son esprit. D'un signe il ordonna au savant qui restait un peu à l'écart de s'approcher.

—Votre présence, dit-il, est un heureux effet de la Providence: examinez ces fleurs.

Le savant répondit après un moment de méditation :

—Elles appartiennent à la famille des *primulæ* ou primevères *cortusoïdes*.

—Quelle est leur signification dans ce que vous appelez le langage des fleurs?

—Première jeunesse.

Le czar réfléchit, puis il murmura :

« Cela ne signifierait rien; le mot de la trahison que je soupçonne n'est certes pas là. » Il continua en s'adressant au savant :

—Pouvez-vous reconnaître depuis combien de temps à peu près ces fleurs ont été arrachées de terre?

—Depuis autant de temps qu'il en faudrait, selon moi, pour venir ici de Susdal, le seul endroit où j'en ai vu d'aussi empourprées, lorsque, par grâce singulière, il m'eut été accordé de visiter le riche jardin du couvent.

—C'est bien : vos réponses confirment les rapports que j'ai reçus touchant les correspondances criminelles échangées entre le prince et Eudoxie Lapoukin par le ministère du traître Amanassief. Vous venez peut-être de sauver le royaume.

Le savant faillit tomber à la renverse tant il fut étonné d'avoir sauvé un royaume.

Pâle, défaillante, muette, la princesse de Volfenbuttel priait mentalement Dieu.

Pierre-le-Grand, les traits altérés par une de ces convulsions qui défiguraient parfois son visage, se plaça en face d'Alexis, qui souriait en dormant d'un profond sommeil.

« Malheureux! proféra le czar, si la preuve de ton crime m'est acquise, je trouverai bien les moyens de te punir, en quoi j'espère que le ciel m'assistera. »

Alors il appela son officier aux gardes, Romanzoff, et lui donna l'ordre d'arrêter Amanassief, et de saisir tout ce que l'on trouverait en la possession du capitaine.

Au moment où Pierre-le-Grand allait sortir, Fœdora se jeta à genoux, et lui barra le passage :

—Ces primevères, commença-t-elle, qui ont excité votre courroux...

Le czar ne laissa pas la princesse achever.

—Point de grâce, madame, dit-il durement; comme souverain, je ne suis plus qu'un juge inflexible.

—Eh bien! c'est au juge que je demande de m'entendre, ajouta la princesse en se relevant.

— Lorsque j'aurai formé le tribunal appelé à décider sur le sort du prince, je vous accorderai, ma fille, la faveur de parler devant nos évêques et nos archimandrites [1], si vous avez encore alors le courage d'embrasser la défense du plus indigne criminel.

—En quelque lieu que ce soit, ma place est aux côtés de mon époux, d'un époux que j'aime, que je saurai justifier.

Le czar hocha la tête et passa outre, suivi par le savant, qui, étant un peu revenu de sa stupéfaction, marchait d'un air superbe.

Presque aussitôt une portière fut soulevée avec prudence, et Amanassief se montra.

Fœdora s'élança vers son époux comme si elle eût voulu le dérober aux regards du capitaine, et protéger au besoin le czarovitz. Elle avait passé un de ses bras autour du cou d'Alexis, et, la tête haute, la lèvre frémissante, elle semblait défier Amanassief,

Le jeune prince, que le contact du bras de Fœdora et l'effroi causé par un mauvais songe avaient éveillé, entr'ouvrit les yeux; il reconnut la princesse, et se rendormit aussitôt rassuré; il avait vu le bon ange veiller. Hélas! en aucune circonstance Alexis

[1] Abbés supérieurs.

n'avait eu autant besoin d'être gardé, car son mauvais génie était là, tout près, et plus puissant que jamais pour le mal.

—Qu'êtes-vous venu chercher ici? demanda enfin Fœdora au capitaine.

—Un refuge : j'étais poursuivi par les gardes du czar, et...

—Achevez : j'ai deviné une partie de la vérité.

—Le prince et moi devons nous hâter de fuir.

—Ne craignez rien pour mon époux : je puis démontrer son innocence.

—Fort bien; mais il est de nos intérêts maintenant que le czarovitz quitte Moscou.

—Il importe à son honneur, à son devoir d'y demeurer.

—Madame, prenez garde : Alexis est notre complice.

—Mensonge que cela! Fuyez donc si vous préférez l'exil aux plus durs châtiments.

—Oh! princesse, on ne chasse pas un maréchal d'armée comme un valet.

—Un maréchal d'armée! De qui parlez-vous?

—Du plus humble serviteur qui ait jamais été à vos pieds, et voici mon brevet.

Amanassief mit sous les yeux de Fœdora les tablettes où le prince avait inscrit et signé la preuve du crime dont il était soupçonné.

Fœdora poussa un cri.

—Perdu!... perdu, répéta-t-elle... Ah! qu'il fuie! du moins il vivra.

Les deux interlocuteurs entendirent la voix de Romanzoff qui ordonnait aux soldats de cerner l'appartement du prince.

—Madame, vous avez tué votre époux! reprit Amanassief d'une voix sifflante; la fuite n'est plus possible.

—Au nom du ciel, de votre mère, capitaine, déchirez cet écrit fatal, et je vous enrichirai... je vous bénirai!

La malheureuse princesse avait saisi une main du capitaine et la couvrait de larmes.

—Madame, répondit froidement Amanassief, les lignes que vous me demandez de détruire sont ma sauvegarde. Cette preuve de la complicité d'Alexis anéantie, on m'abandonne en holocauste au ressentiment du czar. Vous-même, lorsque tout à l'heure vous vous flattiez de pouvoir justifier Alexis, songiez-vous à ce que deviendrait Amanassief? Non, non, je ne serai pas assez fou pour céder à vos prières.

—Ah! Dieu m'inspire! s'écria Fœdora. Vous avez raison, capitaine, je pouvais et je puis encore vous sauver tous deux.

La princesse courut vers un meuble muni de tout ce qui était nécessaire pour écrire, et revint bientôt vers le capitaine : elle tenait un morceau de parchemin.

—Ce pli, dit la princesse, en échange de vos tablettes?

D'un coup d'œil, Amanassief lut sur le parchemin ces mots :

« Mandons au capitaine Amanassief d'obtenir par prière,
« argent ou ruse, quelques-unes de ces plantes rares que possède
« le jardin du couvent de Susdal. Notre honorée belle-mère
« Eudoxie Lapoukin, aux genoux de laquelle nous déposons
« notre filial hommage, l'aidera, nous l'espérons, dans cette
« entreprise.

« FŒDORA. »

—Les soupçons du czar, reprit Amanassief, ne se fondent-ils donc que sur mes courses au couvent de Susdal?

—Jusqu'à présent, oui, je vous le jure.

—Je comprends, Madame : cet ordre de votre main explique mes démarches, et l'on n'est point puni de mort pour servir les caprices d'une charmante princesse : voici mes tablettes. Ah! princesse, comme vous sauriez conspirer si vous le vouliez bien, et que l'amour est un puissant complice! Maintenant je vais me faire arrêter de la meilleure grâce du monde, non pas ici cependant, cela pourrait donner des défiances.

Le capitaine Amanassief souleva la portière qui lui avait donné passage; mais avant qu'elle retombât, il murmura sourdement:

« Homme ou démon vaincu par une femme ou un ange, je prendrai ma revanche. »

Alexis s'éveilla et s'empara tendrement des mains de Fœdora.

La foudre avait effleuré la tête du czarovitz sans qu'il eût même entendu gronder l'orage.

LA DUCHESSE DE LONGUEVILLE.

Paris Imp Godard [illegible] des Augustins 55

Le roi Louis XIV étant mineur, Anne d'Autriche régente, le cardinal Mazarin premier ministre, Paris présentait un spectacle qui donnait à la ville et à la cour une physionomie étrange.

Tous les intérêts, toutes les ambitions, tous les caprices étaient aux prises; chacun cherchait des appuis pour ses prétentions, des auxiliaires dans ses luttes. Les alliances, les défections, les brouilles, les réconciliations faisaient flotter la victoire entre les divers partis. On s'endormait vainqueur, on se réveillait vaincu. Le héros de la veille se trouvait prisonnier le lendemain. La reine avait une volonté qui n'était pas toujours d'accord avec celle du ministre. Le ministre rompait en visière avec les parlements, qui lui tenaient tête. Les généraux d'armée servaient ou desservaient le pays, suivant les caprices de leur humeur et selon les accès de leur bouderie. Le peuple s'armait tour à tour de pierres et de chansons pour faire la guerre à un parti, sauf à se prononcer pour ce même parti quelques heures après, et à donner une autre direction à ses arquebusades et à ses épigrammes.

Un jour, grand scandale sur le Pont-Neuf :

La foule des oisifs entourait un chanteur public, et applaudissait avec enthousiasme à des couplets pleins de fiel, et dirigés contre certains actes du premier ministre.

Un personnage, caché dans les groupes d'auditeurs, fend la foule, se dirige rapidement vers le troubadour de la voie publique, le saisit d'une main de fer au collet, et, se faisant connaître pour un exempt du Châtelet, il enjoint au chanteur de le suivre en prison. La foule veut s'opposer à l'arrestation ; un mouvement de résistance se manifeste ; l'exempt va être enveloppé. Le marchand de chansons, que cette scène n'a pas ému, conserve sur les lèvres le sourire ironique ; il apaise d'un geste ce commencement de sédition.

—Laissez approcher monsieur l'exempt du Châtelet, s'écrie-t-il de sa voix enrouée ; je n'ai rien à craindre de lui : je suis dans mon droit.

—Dans ton droit, misérable ! répond l'exempt indigné ; ainsi, tu as le droit de railler ce que tout le monde est tenu d'approuver ! tu as le droit de livrer à la risée publique le ministre de la reine, auquel chacun doit vénération et respect, Monseigneur Mazarin...

Et l'agent de la loi portait derechef la main sur le chansonnier. Celui-ci ouvrit avec calme l'habit qui croisait sur sa poitrine; il présenta à l'exempt un pli que ce dernier ouvrit... et l'étonnement de la foule fut grand quand l'exempt, après avoir rendu le papier au chanteur, le salua avec une sorte de respect et se retira, en disant :

« Il est en règle. Je ne peux rien contre lui. »

La foule acclama le départ du malavisé qui avait voulu gêner les plaisirs publics. Le talisman dont le chanteur s'était servi était une lettre ainsi conçue :

« J'autorise, par cette présente, le porteur Arnaud Guilloux, chanteur de profession, à composer, réciter ou chanter toutes pièces de sa composition ou autres qui auront pour but de faire rire le peuple de Paris aux dépens de ma personne ou de mon autorité. Signé : *le cardinal-ministre, Mazarin.* »

L'homme d'État qui avait coutume de dire : *Laissez le peuple chanter, il paîra gaîment l'impôt*, avait jugé convenable de faire une large application de sa maxime, et ayant eu connaissance de la popularité dont jouissait Arnaud Guilloux, le chantre des carrefours, il l'avait mandé à son palais. Après lui avoir indiqué les sujets politiques sur lesquels la muse burlesque pouvait s'exercer, il lui avait remis la sauvegarde qui devait protéger celui-ci, et dont nous avons vu qu'il se servit contre la sévérité des agents de surveillance.

Sur un autre point de la capitale, une scène d'un genre différent se passait :

Une élégante chaise roulante suivie par des soldats de police travestis en hommes du peuple venait d'être signalée à son entrée dans Paris ; elle était dirigée vers l'hôtel du chevalier du guet. Une dame élégante et remarquable par le luxe de sa toilette et la distinction de ses manières était descendue...

Bientôt on répéta dans tout Paris :

« Mme la duchesse de Longueville est arrêtée. Elle a voulu lutter contre la puissance de la reine, mais elle a échoué, et le cardinal a mis l'oiseau en cage comme il a déjà mis le duc de Longueville, les princes de Condé et de Conti. » Mais l'événement trompa l'attente de ceux qui demandaient aux événements imprévus de continuelles émotions.

La duchesse de Longueville n'était pas arrêtée, et un quiproquo de police avait fait saisir à la place d'un conspirateur en jupons une actrice qui revenait de la campagne pour une représentation à l'Opéra. Il est vrai que la duchesse de Longueville, qu'on avait espéré prendre, avait beaucoup de ressemblance avec une comédienne ; mais comédienne, elle ne paraissait pas dans ce qu'on nomme communément les coulisses, et le monde politique était son théâtre; elle y exerçait une grande influence par son esprit d'intrigue et ses goûts pour la vie aventureuse. A une époque où chacun frondait à loisir les actes de la cour, la duchesse de Longueville avait sa place marquée parmi les frondeurs les plus exaltés [1], et elle l'occupa de façon à faire dire qu'il ne faudrait que deux femmes comme elle et la duchesse de Chevreuse pour bouleverser le monde entier.

Au moment où Mazarin croyait surprendre la duchesse, elle créait des difficultés au cardinal, correspondant de loin, et malgré les factionnaires, avec son mari et avec son frère le grand Condé, prisonniers depuis quelques jours sous les verroux du château de Vincennes.

Louis II de Bourbon prince de Condé avait à peine atteint sa trentième année, et déjà ses contemporains lui avaient décerné le titre de grand que la postérité lui a confirmé. Il était né général; l'art de la guerre était en lui un instinct naturel : à dix-sept ans il avait fait ses premières armes, et à partir de ce brillant début dans la carrière militaire chacune de ses journées fut marquée par une action d'éclat. Il inspirait aux soldats une confiance que son propre courage justifiait; toujours aux premiers rangs au milieu du danger, il jouait avec les périls et la mitraille. Il n'était encore que duc d'Enghien quand il battit à Rocroy les bandes redoutables de l'armée d'Espagne. A la prise de Thionville, il acquit de nouveaux titres à la reconnaissance de la reine Anne d'Autriche, puis il vint au secours de la réputation militaire du maréchal de Turenne qui se trouvait compromise dans des luttes où la bravoure française n'avait pas toujours eu le dessus.

[1] On nomme la *Fronde* le parti qui prit les armes contre la cour, de 1648 à 1652. Ce nom vient de ce que le parlement, opinant un jour contre l'usage qu'avaient les jeunes gens de Paris de se battre à coups de fronde dans les fossés de la ville, il arriva qu'un conseiller dit qu'il *fronderait* à son tour l'opinion de son adversaire. Ce mot *fronder*, dans une affaire où il s'agissait de frondes, fit beaucoup rire, et l'on appela depuis *Frondeurs* ceux qui étaient contre la cour, et *Fronde* leur parti.

Pendant que les armées commandées par Condé soutenaient la gloire du royaume et jetaient un brillant reflet sur l'administration de la régente, des intrigues éclataient à la cour de France. Mazarin venait de succéder à Richelieu, qui, sous le titre de ministre, avait exercé la royauté pendant le règne de Louis XIII. Mazarin voulut continuer son prédécesseur, il entra en guerre ouverte avec les parlements, se montra l'ennemi implacable de tous ceux qui faisaient ombrage ou obstacle à sa puissance.

Le prince de Condé, dévoué à la cause de la reine, blâma hautement les moyens employés par le ministre pour la servir et pour la défendre. Anne d'Autriche subit l'influence de la rancune conçue par le cardinal, elle mit en doute, regarda comme dangereux le dévouement du plus sincère et du plus noble de ses serviteurs : Condé fut sacrifié hypocritement. Un soir la reine l'avait remercié avec effusion des services qu'il venait de rendre à la France ; le lendemain, le vainqueur de Rocroy était conduit, par ordre de la souveraine, dans la forteresse de Vincennes, où il se trouvait en compagnie du prince de Conti, son frère, et du duc de Longueville, gouverneur de la province de Normandie et beau-frère du nouveau prisonnier.

Condé aurait sans nul doute pardonné à la reine l'aveuglement dont elle faisait preuve en cette circonstance, si Mazarin n'avait ajouté à l'humiliation de la captivité une mesure qui blessa profondément le prince : les biens de Condé furent mis sous le séquestre par ordre d'Anne d'Autriche, et on poussa envers le captif la rigueur jusqu'à vouloir le priver de ses armes et surtout de son sabre de bataille, dont on afficha la vente à l'encan.

Le prisonnier disait :

« Je suis entré à Vincennes le plus innocent des hommes, j'en sortirai le plus coupable : » cette menace devait un jour se réaliser et inspirer, trop tard, le regret de l'acte d'ingratitude commis envers l'homme illustre, dont le nom se trouvait inscrit sur la liste des victimes que faisaient les intrigues de cour. En attendant que l'avenir amenât pour lui des jours plus agités, le prisonnier de Vincennes, qui semblait s'être résigné philosophiquement à son sort, jouait au volant avec ses camarades de captivité et cultivait des fleurs dans un parterre situé sur la plate-forme d'une tour qu'il avait obtenue de M. de Barre, gouverneur de la citadelle.

La fleur de prédilection du captif était l'œillet; il en connaissait parfaitement l'éducation et la culture. Son jardin contenait de nombreuses variétés de cette fleur. Elles se trouvaient assorties avec goût dans ce parterre : depuis le rose tendre jusqu'au blanc parfait, depuis le rouge foncé jusqu'à l'éclatante couleur de feu : quelques-unes offraient des tons divers, se mariaient ensemble : on en voyait de marbrées, de tigrées; d'autres présentaient dans un même calice des pétales de pourpre et des pétales d'albâtre; ou bien l'œillet épanouissait ses beaux fleurons en houppe, en cocarde, en pompon, présentant mille bizarreries de forme et de nuance.

Le gouverneur ne perdait pas une occasion de manifester la surprise que lui inspirait l'attention constante donnée par le prince à une aussi paisible occupation. La bouillante nature de l'homme de guerre ne lui paraissait pas compatible avec ces soins délicats et de tous les instants que réclamaient les nourrissons du grand Condé. De Barre trouvait une pareille affaire puérile; et un peu narquois de sa nature, il lui arriva plusieurs fois de donner entrée à des dames dans le donjon, dont il était gouverneur, pour leur montrer, comme un objet de curiosité, le plus grand guerrier du temps occupé à livrer combat avec un petit pinceau ou avec une époussette aux insectes malfaisants qui exerçaient leur ravage sur les tiges de la pépinière florale de son illustre pensionnaire.

Condé accueillait les visiteuses sans avoir l'air de se douter qu'on le donnait en spectacle ; il offrait , en galant jardinier, quelques-unes des jolies tiges aux plus empressées ou aux plus indiscrètes , et l'aimable gouverneur , qui avait trouvé ce moyen ingénieux d'offrir des bouquets aux dames , s'excusait près du prince de l'avoir détourné un moment de ses travaux.

Le prince parut s'habituer à ces visites, et comme sa collection d'œillets augmentait chaque jour, il offrit à de Barre de lui apprendre à composer un bouquet et de l'initier à l'art de marier convenablement les nuances.

Le galant gouverneur, après quelques leçons, aurait ainsi le moyen de faire des envois aux dames, en leur évitant la fatigue de monter jusqu'au sommet du donjon.

De Barre accueillit la proposition, et quoiqu'il montrât peu de dispositions pour la profession de bouquetier, il fut bientôt en état de composer, sous la direction du maître, un gracieux assortiment de fleurs.

Un jour l'élève du prince recevait une leçon de l'illustre professeur, et il avait commencé à assembler des œillets, quand il fut appelé dans son cabinet par le son d'une cloche. Il descendit en annonçant qu'il serait bientôt de retour.

Le duc de Longueville sortit à ce moment de la chambre qu'il occupait au-dessous de son beau-frère, monta avec précipitation, et profitant de l'éloignement de de Barre, il apprit au prince de Condé qu'un messager discret avait pu parvenir jusqu'à lui, à l'aide d'un travestissement dont le gouverneur avait été dupe. Des lettres de la duchesse de Longueville , sa femme, lui avaient été remises. Elle donnait connaissance des progrès que les frondeurs de la province de Guyenne faisaient tous les jours. Quelques chefs avaient été détachés du parti de la reine, et la duchesse demandait si Condé, du fond de sa prison, pouvait leur tracer un plan d'attaque pour prendre Bordeaux. Elle s'y était ménagé des intelligences, mais la ville voulait avoir l'air de céder à la force et à une attaque bien dirigée... « Trouvez un moyen, ajoutait dans ses dépêches la duchesse, de me faire parvenir ce plan, et avant peu Mazarin saura ce que peut une femme lorsqu'elle se rappelle qu'elle est née dans le donjon de Vincennes, où son mari et son frère sont à leur tour enfermés. »

Condé demanda à Longueville quelques moments pour réfléchir, et il le pria de penser aux moyens de faire parvenir une réponse favorable à la duchesse.

Le compagnon de captivité de Condé reprit le chemin de sa chambre.

De Barre ne tarda pas à reparaître; il n'était pas seul. Il annonça qu'une dame chargée par une de ses parentes de lui remettre certaines lettres avait manifesté le désir de voir les œillets à la Condé dont on parlait dans Paris et dans les provinces; le prince n'avait pas eu le temps de répondre que déjà une tierce personne avait paru.

La dame s'inclina devant Condé, qui, à son tour, fit à l'étrangère un gracieux salut.

Mon cher gouverneur, dit le captif, quand la cloche vous a rappelé loin de moi, vous aviez commencé un bouquet, vous ne trouverez jamais une plus belle occasion de le finir, et madame voudra peut-être accepter ce petit souvenir de la visite faite au prisonnier.

La dame exprima par un sourire le plaisir que lui causait cette galante proposition; Condé approcha d'elle un siége rustique qu'elle accepta.

—Monsieur de Barre, continua le prince, je me suis permis de défaire l'ouvrage commencé. Vous aviez commis une faute contre la symétrie en classant vos fleurs, vous allez recommencer sous mon inspection; je cueillerai les œillets et vous les relierez ensemble.

—Ah! monseigneur, dit la dame après s'être assise et en regardant avec intérêt les plates-bandes... vous allez composer un bouquet à la Condé... permettez-moi de prendre note du classement des fleurs, afin que je m'instruise en même temps que monsieur le gouverneur, et que je puisse construire moi-même plus tard un édifice de fleurs suivant votre méthode.

Condé se mit à cueillir des œillets en prescrivant du geste et de la voix la façon dont de Barre devait les placer. L'étrangère écrivait sur un riche album qu'elle avait tiré de l'aumônière appendue à son côté.

—Vous vous trompez, gouverneur, dit le prince après la remise de quelques œillets, il faut ici cinq œillets pourpres, coupés par un blanc mélangé de violets.

—Vous croyez que c'est mieux, prince?

—Sans doute... inclinez à gauche ces trois tiges et entourez-les d'un groupe de fleurs mouchetées.

L'inconnue ne laissait pas échapper un mot sans le noter. Quand le prince plaçait lui-même les fleurs, il se baissait vers l'album et détaillait complaisamment les nuances et le nombre des œillets qu'il groupait en faisceau.

Le bouquet terminé, de Barre, gonflé d'orgueil par le succès qu'il avait obtenu, offrit le buisson d'œillets à la visiteuse, qui s'éloigna après avoir échangé quelques paroles avec le prince. Le gouverneur la reconduisit.

Aussitôt Longueville se montra :

—J'ai trouvé un moyen de faire parvenir le message, dit-il à Condé, j'ai bien réfléchi, et avant six jours le plan, les notes que ma femme demande seront entre ses mains.

—Elle tient tout cela en ce moment, répondit Condé en souriant.

—Que dites-vous, prince?

—Je dis que notre message voyage en ce moment, que ma sœur est venue il n'y a qu'un instant le chercher elle-même ici.

—La duchesse de Longueville... à Vincennes?

—Elle-même; je lui ai tracé le plan d'attaque en style de fleurs qu'elle connaît, et qu'elle a souvent employé. Notre estimable gouverneur s'est fait, sans le savoir, mon secrétaire.

Quelques jours après, les frondeurs de la province de Guyenne répétaient avec joie : « Condé est des nôtres, et Bordeaux sera bientôt à nous. »

Le gouverneur de Vincennes apprit un peu tard qu'il avait été le jouet et l'instrument du chef des frondeurs... Condé venait alors de recouvrer sa liberté. Pendant qu'il avisait aux moyens de la rendre fatale au cardinal son ennemi, de Barre ordonnait qu'on arrachât, jusqu'aux dernières racines, toutes les plantes ornant le jardin du grand Condé, qu'on effaçât chacune des traces qui auraient pu marquer le souvenir de l'époque où il avait pris si fatalement sa première leçon de la langue des fleurs.

YVONNE.

I

Hé bien ! mon cher Saturnin, regrettes-tu encore la résolution que nous avons prise de terminer à pied notre voyage et de gagner Savenay comme de véritables touristes ? demanda tout-à-coup à son compagnon de route un jeune homme qui, depuis Nantes, ne cessait d'admirer les bords verdoyants de la Loire, sa largeur, ses flots bleus, et ne pouvait apercevoir une bande de mouettes fouettant l'air de leurs ailes blanches sans pousser des exclamations de surprise.

Celui auquel la question précédente avait été adressée se contenta de soupirer, et le premier ajouta :

—Quelle différence avec les bords de la Seine, que nous ne connaissons pas plus haut que Fontainebleau, ni plus bas que Saint-Cloud ! Vois donc, c'est presque la mer, si ce que nous avons lu ou entendu dire touchant l'immensité de l'Océan est vrai. Mais tu gardes le silence, et peut-être m'en veux-tu de troubler les sentiments inconnus que t'inspire un pareil spectacle. Tu éprouves sans doute une de ces sensations infinies...

—Oui, oui, répondit enfin le silencieux personnage d'un ton de mauvaise humeur, je ressens quelque chose d'extraordinaire : j'ai faim !

Son interlocuteur ne put retenir un geste d'indignation et il s'écria :

—Tu ne vois, tu n'entends, tu ne comprends, tu ne sens, tu n'admires qu'avec l'estomac.

—Avec l'estomac plein, oui; avec l'estomac vide, non.

—Glouton, sensuel, sybarite !

—Quel est l'heureux mortel que tu traites de la sorte, cher Edmond?

—Toi-même.

—Moi, qui n'ai pris depuis ce matin qu'une tasse de lait ! Nous marchons depuis plus de cinq heures, et comme tu t'arrêtes à chaque pas afin de regarder l'eau couler, les oiseaux voler et l'herbe pousser, je suis sûr que nous n'avons pas fait deux lieues. Nous n'arriverons jamais à Savenay pour l'heure du dîner.

—Sois tranquille, nous trouverons bien toujours quelque cabane où nous pourrons souper en artistes avec un morceau de pain et un quartier de fromage.

—Tais-toi, bourreau !... vociféra Saturnin, sinon je te quitte à l'instant même, je retourne à Nantes, à Paris, et je te laisse vivre ici de coquilles de noix, si cela te plaît. Le régime d'artiste, de touriste ou plutôt de trappiste, ne me convient point.

Edmond partit d'un éclat de rire, et perdant tout son courroux contre le prosaïque Saturnin, il ajouta :

—Allons, allons, prends patience, nous déjeunerons du mieux qu'il sera possible dans la première auberge, la plus prochaine maison de pêcheur que nous rencontrerons.

—A la bonne heure. Voyons, donne-moi le bras et causons de

ta fiancée, mademoiselle Suzanne de Plenhoël. Cet entretien te distraira de tes contemplations aquatiques et champêtres ; nous n'en atteindrons que plus vite le terme de notre voyage.

Saturnin se suspendit à l'un des bras du trop impressionnable jeune homme, qu'il contraignit à marcher désormais d'un pas non interrompu.

—Il ne me reste, reprit Edmond, rien à t'apprendre touchant mon mariage. C'est une affaire de famille dont la conclusion est prévue depuis plus de dix années. Aussitôt et seulement après cette union, je dois entrer en possession d'une centaine de mille francs qu'un oncle m'a léguée sous la condition que j'épouserais Suzanne de Plenhoël, ma cousine, à laquelle j'aurai l'honneur de te présenter dans quelques heures.

—Et qu'arriverait-il dans le cas où le mariage n'aurait pas lieu?

—Alors, le legs serait divisé entre plusieurs parents, ce qui serait très-fâcheux pour ma petite cousine, qui resterait presque sans dot.

—Et pour toi, qui as dissipé une bonne partie des biens paternels.

—Ce à quoi tu m'as aidé en bon camarade ; je ne t'en fais pas un reproche, car tu m'es dévoué et m'as rendu maint service: je me croirais donc plutôt ton obligé, ne fût-ce que pour ton empressement à venir au fond de la Bretagne me servir de témoin.

—Il a été fort heureux, j'en conviens, que je n'eusse point visité cette partie de la France, une des plus curieuses, assure-t-on ; car si je n'avais vivement désiré connaître l'ancienne Armorique, je n'aurais certainement point consenti à entreprendre cette excursion, à tes frais, et Paris n'eût point été représenté à ton mariage.

—J'avais donc bien raison de dire que tu étais un ami précieux pour moi.

—Cher Edmond !

Nos héros continuèrent assez gaîment leur route, tout en longeant les bords de la Loire.

Soudain, un cri de détresse interrompit la discussion pleine de paradoxes, de métaphores romantiques, de capricieuses digressions à laquelle ils se livraient tout entiers, comme s'abandonne la jeunesse : esprit, cœur et âme. Ils regardèrent en même temps du même côté et aperçurent un homme qui se débattait au milieu des eaux de la Loire. A quelque distance, flottait une barque couchée sur le flanc. L'homme faisait des efforts désespérés et inhabiles, afin d'atteindre l'embarcation. Il était évident que le malheureux ne nageait pas, mais qu'il se noyait.

Déjà Edmond avait retiré son habit. Il s'élança dans le fleuve.

Saturnin demeura un moment immobile, frappé d'effroi, puis il se laissa glisser du haut de la rive où il se trouvait, jusque sur la berge. Alors, sans même quitter son chapeau, il avança lentement jusqu'à ce que l'eau lui atteignît le menton, puis il s'arrêta. Le pauvre garçon avait follement, témérairement montré un dévouement inutile sans doute, mais aussi complet que possible : Saturnin ne savait pas faire une brassée. Encore un pas, et lui-même avait besoin d'un sauveur.

Quant à Edmond, il continuait à fendre le courant avec une vigueur qui le rapprochait de plus en plus du naufragé ; il allait l'atteindre, lorsque celui-ci enfonça, laissant comme un dernier appel aux hommes et à Dieu un peu d'écume à la surface de l'eau. Edmond plongea. Saturnin se sentit pris de ce vertige de l'impuissance qui, chez les cœurs généreux, inspire à la mère, au fils, à l'époux, à l'ami, l'héroïque folie de partager le danger qu'ils ne peuvent combattre. Il se pencha en avant et perdit pied.

En ce moment, Edmond reparaissait : d'un bras il soutenait celui qu'il était allé arracher à la mort ; de l'autre il se mit à nager vers le bord. Peu d'instants après il toucha le sol et tomba évanoui. En se précipitant dans la Loire, il avait rencontré un pieu et s'était fait à l'épaule une profonde blessure d'où jaillissait le sang avec force.

L'homme qui venait d'être si courageusement sauvé jeta les

yeux de tous les côtés pour chercher quelqu'un qui l'aidât dans les soins à donner au blessé : il ne vit personne. Seulement le fleuve berçait un chapeau.

C'était celui de Saturnin.

Nous ne savons quel intérêt lecteur ou lectrice a pu éprouver pour nos héros. Mais nous sommes assuré que nous n'eussions ni grandi ni excité ses sympathies en dressant, suivant l'usage le plus adopté, un procès-verbal du physique et de la position sociale de ceux-ci. Cependant, comme une telle négligence serait de nature à nous susciter quelque chicane, nous allons profiter de ce que notre récit se trouve naturellement interrompu par la succession d'un chapitre à un autre, afin de réparer cet oubli.

Pour qu'une semblable analyse ne nous force point à ouvrir une trop longue parenthèse, nous ne trouvons rien de plus simple, de plus expéditif, de plus rationnel que de copier les passe-ports des deux jeunes gens. Si vous jugez que nous prenons là un soin inutile, agissez de même que certains fonctionnaires de l'ordre public, lesquels ne manquent jamais de lire ces sortes de choses à l'envers : passez le paragraphe. Voici le premier passe-port qui nous tombe sous la main :

« D'Ornecy (Edmond), âgé de 24 ans, cheveux noirs, front découvert, yeux bleus, nez moyen, bouche moyenne, profession d'avocat. »

Le second était ainsi conçu : « Martine (Saturnin), âgé de 26 ans, cheveux blonds, front bombé, yeux gris, nez ordinaire, bouche ordinaire; profession d'artiste peintre. »

Nos personnages nous ont appris eux-mêmes le motif de leur voyage en Bretagne ; les prénoms dont nous nous sommes servi jusqu'à présent pour les désigner ne laissent aucun doute sur l'individualité de chacun d'eux : nous pouvons donc sans scrupule rattacher maintenant le fil de notre narration.

Trois personnes causaient à voix basse dans une chambre assez vaste et où, néanmoins, de longs rideaux interceptant presque entièrement le vif éclat du jour, un épais tapis amortissant le bruit des pas, formaient un contraste frappant avec quelques meubles grossiers. De ces trois personnes, une seule nous est tout-à-fait inconnue : c'est un grave docteur, le plus habile médecin de Nantes. A ses côtés se tenaient l'homme qui avait manqué périr sous les flots de la Loire, et Saturnin lui-même, que l'on voudra bien ne pas prendre pour un revenant.

Quoique le jeune artiste n'eût pas, comme son feutre, le privilége de flotter sur l'eau, ni le même avantage que les amphibies, sa sublime imprudence n'avait eu d'autre résultat fâcheux qu'un bain un peu prolongé et un commencement d'asphyxie. Le courant l'avait porté entre deux eaux sur un banc de sable qui heureusement touchait à la rive, et ce sixième sens que l'on appelle l'instinct de la conservation aidant, il était sorti de péril. Peu à peu il avait repris le sentiment perdu, s'était éloigné et avait rencontré un groupe de pêcheurs. Ils lui apprirent que leur vieux camarade Jérôme avait transporté et recueilli dans sa chaumière un étranger auquel il devait la vie. Saturnin s'était fait indiquer la maison du vieillard et n'avait pas tardé à y arriver. Là, il avait trouvé son ami presque mourant.

Deux jours s'étaient écoulés et, malgré les soins prescrits par le savant docteur dont nous avons parlé, Edmond n'avait encore recouvré la connaissance qu'à de rares intervalles.

Le médecin avait palpé, interrogé, argumenté. Son visage restait impassible.

—Monsieur, dit Saturnin, ne nous donnerez-vous point un mot d'espoir?

—L'espoir est un don céleste, répondit le docteur.

— Oh ! docteur, tout ce que je possède... c'est-à-dire, la fortune entière de M. d'Ornecy, j'en fais le sacrifice sans regrets à qui le sauvera!

—Je ne saurais, monsieur, ni vendre la santé aux riches, ni, et ce serait ma plus grande joie, la déposer comme une bienfaisante aumône au chevet du pauvre. La vie des hommes appartient à Dieu; je puis soulager et non sauver.

Certes, c'était un bien grand original que ce docteur qui avait la modestie de croire moins en son savoir qu'en la Providence, et surtout de le dire ainsi.

Il quitta la chaumière et promit de revenir le lendemain.

Le soir étant arrivé, Saturnin exigea que Jérôme allât prendre quelque repos, et il demeura seul près du lit de M. d'Ornecy.

Vers le milieu de la nuit, l'artiste, qui, vaincu par le sommeil et la fatigue, s'était insensiblement assoupi, fut réveillé par un bruit léger. Il vit alors Edmond accoudé, les yeux ouverts, le visage plus coloré. Saturnin, redoutant quelque accès de fièvre, s'élança vers son ami; mais celui-ci lui dit d'une voix calme :

—Quelle était l'aimable personne qui se trouvait là tout-à-l'heure, Saturnin?

—De qui veux-tu parler, cher ami?

—De la jeune fille dont la main séchait si légèrement la sueur de mon front, et qui ensuite a versé cette boisson.

L'avocat désigna une tasse à moitié pleine. Saturnin secoua la tête et reprit :

—C'est moi-même qui ai rempli la tasse, il y a deux heures, et depuis que tu as été transporté ici, le docteur seul, Jérôme et moi sommes entrés dans cette chambre.

—Tu me trompes, Saturnin; je suis certain qu'une jeune fille était là, à mon chevet. Elle était revêtue du gracieux et pittoresque costume breton; enfin...

—Chasse de ton esprit, cher Edmond, des chimères qui pourraient le fatiguer, se hâta d'interrompre Saturnin.

—Pourquoi mentir? La présence de cette belle enfant semblait me causer tant de bien ! Donne-moi le breuvage qu'elle a préparé peut-être ; il ne peut que m'être salutaire.

Saturnin comprit que l'illusion du malade avait son côté favorable, et qu'il était plus sage, pour le moment, de la laisser exister que de la combattre. Il présenta donc à Edmond la potion dont ce dernier espérait un effet si bienfaisant, et qu'il but tout entière.

La tête du jeune avocat retomba bientôt sur l'oreiller. Soit que le médicament eût véritablement possédé une vertu bienfaisante, soit que le mal eût perdu déjà de sa violence, Edmond s'endormit d'un sommeil tranquille qui se prolongea jusque dans la journée du lendemain.

Les premiers mots que prononça M. d'Ornecy à son réveil furent ceux-ci :

—Ma jolie fée m'a-t-elle donc abandonné?

Le docteur venait de sortir accompagné de Jérôme, et avait assuré que l'état du malade était devenu tout-à-fait satisfaisant.

Saturnin n'entendit pas sans un certain déplaisir la question que lui adressait Edmond. Il essaya de donner le change aux préoccupations de l'avocat par cette réponse évasive :

—Sans doute la famille de ta fiancée et Mlle Suzanne elle-même doivent s'étonner de ne point te voir arriver. Je n'ai pas songé à faire prévenir M. de Plenhoël du fâcheux accident qui a interrompu notre voyage, mais je te promets d'aller aujourd'hui à Savenay, et de te justifier aux yeux de tout le monde.

—Oui, oui, tu as raison, il faut, Saturnin, me rendre ce bon office. D'ailleurs, je puis fort bien maintenant me passer de toi pour un jour ou deux.

—Oh ! je louerai un cheval, et je serai de retour avant le soir.

—Ne te presse pas, mon ami, prends le temps de dîner chez M. de Plenhoël, et même d'y souper, car tu fais probablement fort mauvaise chère ici.

—Je bois du lait, je mange des crèpes et de la bouillie ; je me suis habitué au maigre.

—Je ne veux pas que tu vives plus longtemps aussi mal, et j'exige que désormais tu manges à la table de mon futur beau-père.

—Non, non, je ne te laisserai pas ainsi sans autres soins que ceux du bonhomme Jérôme.

—Quel est ce bonhomme Jérôme?

—Le vieillard que tu as retiré de la Loire.

—N'aurai-je pas aussi la société de sa charmante fille ou petite-fille?

—Je ne connais point d'enfant à Jérôme.

—De sa nièce alors, de la jeune fille enfin que j'ai vue cette nuit?

—Mais, mon excellent ami...

—Écoute, je ne prendrai plus d'autres tisanes que celles qui me seront offertes par ses belles mains. Ainsi, mon cher Saturnin, si tu ressens quelque affection pour moi, hâte-toi de m'envoyer la jolie garde-malade de qui seule je veux tenir ma guérison.

Le peintre ne fut pas maître de contenir son dépit; il se leva brusquement et renversa deux ou trois fioles.

—Ah! reprit Edmond, je te sais gré de ton empressement; mais il n'est pas nécessaire de briser le mobilier de notre hôte pour arriver plus tôt, et d'entrer chez cette pauvre petite comme une bombe.

—Allons, poursuivit Saturnin avec un jeu de physionomie qui ressemblait autant à une grimace qu'à un sourire, tu plaisantes, tu te moques de moi : c'est bon signe.

— Oui, j'espère être bientôt rétabli; va chercher, ami, celle que j'attends si impatiemment, et sois assuré qu'en revanche, je tiendrai ma promesse.

—Voyons, te sens-tu en état d'apprendre la vérité?

—Oh! parfaitement.

—Eh bien! la jeune fille dont tu parles n'a jamais existé que dans ton imagination.

— Ne t'ai-je pas affirmé que je l'avais vue, là, au chevet de mon lit?

—Rêve ! hallucination !

—Eussé-je conservé d'un rêve une impression des plus précises? Tiens, veux-tu que je te dépeigne les vêtements qu'elle portait?

—Ce serait te fatiguer inutilement et ne rien prouver du tout. Nous avons rencontré assez de paysannes vêtues du costume breton, pour que ta mémoire ait pu prêter à ta chimère les atours de quelque belle fille.

—Et dites-moi, monsieur le logicien, continua le jeune avocat qui commençait à se fâcher, avons-nous rencontré beaucoup de ces belles filles-là avec la tête parée de fleurs?

—Je n'en ai remarqué aucune, j'en conviens.

—Je n'ai donc point vu au fond de mon imagination, comme dans une glace, la personne qu'il vous convient d'appeler ma chimère, puisqu'elle m'est apparue, en dépit de mes souvenirs, les cheveux ornés de fleurs. Ces fleurs entre mille autres détails ont frappé mes yeux, non pas d'une manière confuse et fantastique ainsi qu'au milieu d'un songe. Elles étaient assez grandes, bleues et blanches, avaient la forme de clochettes, et jusqu'à leurs feuilles et leurs tiges petites, j'ai reconnu tous les caractères particuliers à la famille des *hersicifolia*, aux campanules à feuilles de pêcher. Nous nous sommes livrés ensemble à l'étude de la botanique : vous pouvez donc juger de l'exactitude de ma description. Croyez-vous encore qu'une perception aussi nette naisse jamais d'une hallucination?

La discussion s'était élevée au-dessus des forces de M. d'Ornecy, et s'était prolongée au-delà de toute prudence. Il avait pâli, et le coin de ses lèvres s'humectait d'une écume rosée.

Edmond effrayé dit au malade d'une voix suppliante :

—N'exige pas une chose impossible..., pour l'instant du moins.

—Ah ! tu avoues?...

—Il le faut bien.

—Je reverrai la jeune fille couronnée de campanules?

—Le ciel, je l'espère, t'accordera cette grâce. Tiens, voici un calmant qui aidera ta patience.

—Non, j'ai résolu de ne rien prendre que des mains de la charmante inconnue.

—Et qui sait si ce ne sont pas ces mêmes mains qui ont préparé pour toi le breuvage que tu repousses?

—Oh ! alors, il en serait autrement.

Saturnin se mit à prier, à cajoler son ami comme on fait à un enfant, et finit par obtenir du malade la soumission qu'il désirait.

Le peintre n'en demeura cependant pas moins livré à de graves inquiétudes. Il connaissait de longue date l'humeur romanesque, disposée à l'exaltation, avide du merveilleux et de l'inconnu, qui eût fait à juste titre passer M. d'Ornecy pour le plus mauvais avocat du barreau, si ce dernier eût été obligé de demander à d'assez mauvaises études en droit une profession au lieu d'un titre purement honorifique. Saturnin, qui travaillait depuis dix ans à un interminable *festin de Balthazar*, et eût peut-être été, par compensation, un excellent légiste, songeait donc tristement qu'il serait plus difficile maintenant de guérir l'esprit que le corps d'Edmond. M. d'Ornecy n'était pas homme, en effet, à laisser clore dès le premier chapitre un roman où le rôle le plus intéressant semblait lui être échu. Saturnin s'apercevait trop tard qu'en niant un fait possible après tout, il avait simplement revêtu l'ombre d'un voile mystérieux, et que, sous ce voile, Edmond s'acharnerait à chercher un être réel, tandis que l'illusion eût été détruite par la moindre explication un peu prosaïque : admettre le rêve comme vraisemblable, comme vrai, c'eût été le dépouiller de ses ailes d'or.

Saturnin avait brodé sur ce canevas mille réflexions philosophiques, lorsque M. d'Ornecy pria l'artiste de se disposer à partir pour Savenay, ainsi qu'ils l'avaient jugé convenable. Leurs bagages, laissés à Nantes, devaient être depuis longtemps arrivés chez M. de Plenhoël, qui bien certainement n'avait point manqué de trouver étrange que les jeunes gens ne les eussent point suivis de plus près.

Le désir exprimé par le blessé parut d'un bon augure à

Saturnin et il se plut à croire que la crainte d'affliger Mlle Suzanne inspirait à Edmond une préoccupation salutaire. Il profita donc de la nouvelle disposition d'esprit de son ami pour vanter le bonheur que goûtent généralement de jeunes mariés, et tout particulièrement les cousins qui épousent leurs cousines. Il traça de fantaisie le portrait sans égal en perfections physiques et morales de Mlle de Plenhoël, jurant qu'Edmond la lui avait cent fois dépeinte, non moins belle, non moins aimable, non moins spirituelle.

M. d'Ornecy n'avait élevé aucune contestation, il était seulement devenu rêveur.

« Je l'ai à moitié guéri de ses illusions chimériques, Mlle Suzanne achèvera la cure », pensait quelques instants après l'auteur *du festin de Balthazar*, en pressant les flancs du bidet qui l'emportait au trot vers la petite ville de Savenay.

. . . .

Edmond dormait. Vainement avait-il lutté contre le sommeil de toutes les forces d'une volonté énergique. Chaque sens avait à son tour cédé à cette espèce d'anéantissement momentané auquel l'être matériel est condamné en nous, qui n'est pas encore la mort, mais qui n'est plus la vie, et dont, alors moins étroitement liée au corps, l'âme semble profiter pour essayer le vol qu'elle prendra un jour vers l'éternité.

Edmond dormait donc. Depuis combien de temps? Peu importe. La mèche d'une petite lampe avait bu le tiers de l'huile destinée à faire vivre la lumière jusqu'au matin.

Notre héros sentit ou crut sentir (nous n'affirmons rien) ses joues légèrement effleurées par un corps soyeux comme une boucle de cheveux d'enfant; il aspira un doux parfum; quelques gouttes d'un baume rafraîchissant coulèrent sur sa blessure presque cicatrisée; il étendit les bras, et ses doigts rencontrèrent une fleur; puis une bouffée d'air passa sur son visage, et un songe nouveau commença.

Un rayon de soleil avait éteint la clarté mourante de la petite lampe, lorsque M. d'Ornecy appela une vieille femme qui accourut en se frottant les yeux.

—Vous avez passé la nuit dans cette chambre? dit-il.

—Est-ce que notre monsieur aurait à se plaindre de ma négligence? J'ai pourtant toujours veillé, et je ne suis sortie qu'un instant, parce que Jérôme m'a ordonné d'aller puiser de l'eau claire.

—Je ne vous adresse aucun reproche. Au contraire, je vous récompenserai bien si vous voulez me parler franchement.

—Oh! je dis la vérité sans intérêt, moi.

—Vous auriez donc grand tort de mentir lorsque je vous promets un témoignage de ma reconnaissance.

—Je crois ça aussi.

—Il est venu ici une personne... Vous savez bien qui j'entends désigner?

—Nenni, mon monsieur.

—Une jeune fille... qui a pansé ma blessure.

—C'est le père Jérôme qui l'a pansée, votre blessure, pendant que j'étais allée puiser...

Edmond coupa d'un geste brusque la parole à la bonne femme.

—Vous allez, reprit-il, me débiter un conte auquel je n'ajouterai point foi, me réciter la leçon que l'on vous a apprise.

—Je vous réponds franchement.

—Une autre personne que Jérôme a pansé ma blessure, j'en suis certain... Cette boucle de cheveux qui a caressé ma joue appartenait-elle au vieux pêcheur? Etait-il donc couronné de fleurs?... Est-ce là ce que vous prétendez?

La vieille femme croisa les mains avec stupeur et poursuivit :

—Je confesserai que saint Gustan n'est pas un grand saint avant de soutenir une aussi horrible fausseté : Jérôme a la tête nue comme un roc et, au grand jamais, je ne le vis aller coiffé de fleurs.

—Avouez alors qu'une jeune fille m'a donné des soins; pourquoi me le cacher?

—Parce que personne ne vous a approché que... Ah! attendez donc : à moins cependant...

—Quoi?

—Dame, c'est possible, car vous avez un bien bon visage.

—Expliquez-vous, je vous en supplie.

La vieille femme fit un signe de croix et ajouta en baissant la voix :

—Oui, oui, vous avez bien bon visage, et je gagerais que votre blessure ne tardera guère à se fermer, si elle est encore ouverte.

—Je n'en souffre presque plus, à la vérité.

—Ce n'est pas naturel, cela, voyez-vous! et vous avez raison : ni Jérôme ni moi ne vous aurions guéri aussi vite avec les médicaments du docteur : un autre médecin vous a visité...

—Et cet autre médecin?...

—C'est assurément le *Teus* ou *la femme blanche.*

—Qui nommez-vous ainsi?

—*Le Teus* et *la femme blanche* sont des démons bienfaisants [1].

M. d'Ornecy poussa un soupir de désespoir et se laissa retomber sur son oreiller. La paysanne bretonne continua d'un ton mystérieux :

—Ils ne se montrent jamais qu'entre minuit et deux heures. L'un est recouvert d'un grand manteau rouge, agrafé au moyen d'ongles de loup ; l'autre porte le plus souvent une robe blanche dont la queue flotte et s'étend au-dessus de la terre à un quart de lieue. Ils prennent tous deux sous leur protection les gens que poursuit l'esprit du mal. Il n'y a pas longtemps encore que *le Teus* a sauvé un garçon de la méchanceté des *laveuses de nuit*, au moment où le pauvre malheureux qu'elles avaient prié de tordre leur linge infernal avait déjà les bras gros comme deux tours. Souvent lorsque *le Teus* ou *la femme blanche* passe, on entend au milieu des airs un bruit épouvantable de roues et de ferrailles : c'est le diable qui s'enfuit sur son vieux chariot. Il arrive quelquefois aussi que *la femme blanche* guérit les malades qu'elle aime,

[1] On sait combien les paysans bretons sont demeurés superstitieux.

rien qu'en leur mettant son petit doigt dans l'oreille; seulement, au premier péché que commet la personne ainsi guérie, l'oreille tombe en poussière. Il faudra prendre garde à cela, monsieur. car je ne doute plus présentement que *la femme blanche* ne vous ait mis son petit doigt dans l'oreille.

Est-il besoin de dire que M. d'Ornecy n'avait pas prêté la moindre attention aux bavardages de la vieille femme? Tout-à-coup il fit entendre un cri de joie et de triomphe.

Sous un pli de la couverture de son lit, Edmond venait de découvrir une grande fleur bleue ayant la forme d'une clochette.

—Je savais bien, murmura-t-il en portant la campanule à ses lèvres, que je n'avais pas rêvé!

—Oh que non, vous n'avez pas rêvé! ajouta la paysanne, qui se méprit sur le sens de cette exclamation, *la femme blanche* est véritablement entrée ici. Prenez donc bien garde à votre oreille, notre monsieur.

A ce moment, Saturnin ouvrit brusquement la porte.

—Je t'amène, dit-il, M. et Mme de Plenhoël; et j'ai si bien prié Mlle Suzanne, qu'elle les accompagne.

Voici ce qui, huit jours plus tard, se passait et se disait dans la maison de M. de Plenhoël :

—Je suis bien malheureuse, monsieur Saturnin, je n'ai pu trouver dans tout le parc la moindre étude à peindre.

—Voulez-vous, mademoiselle, que nous cherchions ensemble?

—Je n'osais vous prier de venir à mon aide, et votre offre m'est très-agréable.

—Vous savez récompenser un service avant qu'il soit rendu, par le prix que vous semblez y attacher.

Et Saturnin offrit son bras à Suzanne.

Ils se dirigèrent vers un endroit qu'ils avaient instinctivement choisi sur la lisière du parc, et qui offrait ce double avantage que l'on y était vu de la maison, et que là, les causeurs avaient, au besoin, le temps de changer d'entretien avant qu'un nouvel arrivant se trouvât à portée de voix, avantage dont usaient, à leur insu peut-être, les jeunes gens, pour demeurer en tête-à-tête sans blesser les convenances.

Saturnin avait indiqué à Mlle de Plenhoël, comme le meilleur sujet d'étude, un vénérable tronc autour duquel serpentait une plante grimpante.

—Il est singulier que je n'aie point remarqué tout à l'heure cet invalide du règne végétal, dit Suzanne qui achevait de *faire sa palette*. Sous un maître tel que vous, monsieur Saturnin, mes progrès deviendraient rapides ; mais hélas! j'ai toujours manqué de conseils, d'encouragements.

—Vous paraissez préférer la peinture à tous les arts?

—Oui, je trouve que la contemplation de la nature élève l'âme.

—Les travaux sérieux l'ennoblissent, la fortifient, et c'est à eux que M. d'Ornecy, votre futur époux, doit une supériorité de sentiments dont vous devez être fière.

—On dit qu'Edmond est un brave jeune homme, oui...

—Oh! l'on pourrait dire plus, car...

—Mais, Monsieur, ne voyez-vous pas comme *mon premier plan* reste obscur? A quoi songez-vous de me laisser ainsi *brosser* une toile?

—Allongez vos ombres, éteignez un peu les lumières du fond... Son dévouement aurait pu lui coûter la vie, et ses jours ont véritablement été en danger.

—De qui parlez-vous?

—Eh! mais d'Edmond! d'Edmond qu'une cruelle et glorieuse blessure retient encore éloigné de vous.

—Oh! le docteur assurait déjà, le jour où nous sommes allés à la chaumière de Jérôme, qu'il n'y aurait plus aucun péril pour mon cousin à venir en voiture jusqu'ici.

—Oui, dans une voiture bien douce, bien suspendue; et...

—Et celle que nous avions trouvée et mise à sa disposition lui a paru, bien qu'elle fût la mieux suspendue du pays, lui a paru trop rude. M. d'Ornecy est un homme prudent et délicat.

Mlle de Plenhoël accompagna ces paroles d'un sourire tellement dédaigneux que Saturnin se crut en droit d'embrasser hautement la défense de l'absent. Le peintre réfléchit, car il fallait mentir, et il reprit :

—Allons, vous gardez rancune à Edmond d'une délicatesse mal entendue peut-être, mais fort digne de pardon. Le pauvre garçon n'a point eu le courage de vous donner le spectacle toujours un peu ridicule d'un adorateur parlant de tendresse en pantoufles et en robe de chambre ou noyant une déclaration dans une tasse de tisane. Il ne serait point généreux de lui savoir mauvais gré d'un peu de coquetterie.

—Dieu m'en garde! vous me prêtez assurément des préoccupations que je n'ai point. Il est très-naturel que mon cousin songe à rétablir sa santé. Je le verrai avec d'autant plus de plaisir qu'il se portera mieux. Qu'il prenne donc bien son temps.

La réponse de Suzanne ne plut que médiocrement à Saturnin, qui, de peur d'en faire dire et penser pis encore, résolut de transporter la conversation sur un terrain moins glissant.

Il mit en usage tout ce que son esprit possédait de léger, de spirituel et de gai afin d'effacer indirectement l'impression fâcheuse que produisait sur le cœur de Mlle de Plenhoël l'inexplicable indifférence d'Edmond. Entraîné sans doute par l'ardeur de servir ainsi la cause d'un excellent ami, l'artiste se montra non-seulement aimable, empressé, mais encore beaucoup plus galant qu'il n'eût été convenable, abstraction faite des louables intentions auxquelles il obéissait.

Rieuse, taquine, enjouée, Suzanne avait oublié un dépit passager.

Il ne fut plus question de M. d'Ornecy, et cependant le hasard voulut que l'entretien tombât sur les conditions essentielles au bonheur de deux époux. A peine ce sujet, qui se dressait au milieu du dialogue comme une apparition surnaturelle, eut-il été effleuré, que les deux interlocuteurs se hâtèrent de le repousser avec effroi.

Ils venaient de découvrir entre eux, et sur ce sujet, une entière communauté d'opinions.

Saturnin ressentit comme un remords.

La cloche qui sonna le déjeuner les rappela dans la maison.

Ils ne rentrèrent que lentement. Mme de Plenhoël se disposait à aller à leur rencontre ; son mari, ancien et brave marin, était déjà installé à table.

—Par les quatre vents ! s'écria-t-il, vous ne vous hâtez guère : voilà dix minutes que l'on a sonné la mise à flot de l'appétit !

—Ne te fâche pas, cher père, répondit Suzanne, j'achevais un croquis.

—Nous avons découvert, dit Saturnin, une vieille souche d'une beauté de couleurs, de tons...

—Et depuis quand, monsieur l'artiste, la vue d'un vieux tronc ou d'une douzaine de baliveaux, ombrageant des pieds de salade, vaut-elle le spectacle d'une nappe plantée de deux bouteilles semblables à celles-ci, d'une table semée d'un pâté et d'une poularde? ne seriez-vous plus l'auteur de ce fameux tableau : *le Festin de Balthazar*, que vous nous avez vous-même vanté, et qui, je n'en doute pas, vous fera le plus grand honneur aux yeux de tous les gens de goût ? Voyons, asseyez-vous là, en face de moi. Je ne crois pas que vous me teniez tête aujourd'hui.

—Est-ce un défi que vous me portez, cher hôte?

—Ma foi, prenez-le comme il vous plaira.

—Eh bien ! à mon tour, je vous demande raison.

—Tôpe ! j'appelle cela parler français ! Je l'ai dit déjà, je ne m'en dédis pas, vous êtes un brave garçon, et vainqueur ou vaincu je vous appartiens de cœur !

Les deux femmes n'attendirent pas la fin de la lutte ; elles laissèrent ces messieurs bourrer leurs chibouques, et finir de vider leur différend avec une tasse de délicieux moka.

M. de Plenhoël fut bientôt plongé dans cet état de béatitude physique, où l'homme le moins communicatif laisse déborder ses plus secrètes pensées, comme si le moindre fardeau lui était devenu insupportable.

—Ah ! dit l'ancien marin, pourquoi Edmond ne vous ressemble-t-il point? j'aurais eu un gendre selon mes désirs.

—M. d'Ornecy sera un excellent mari, soupira Saturnin.

—Oh ! je n'éprouverai aucune inquiétude en lui confiant le sort de ma fille; mais, je le vois bien, ce mariage me fera perdre mon enfant au lieu de m'en donner un de plus.

—Vous trouverez dans Édmond un fils tendre et respectueux.

—Eh ! mon Dieu, je n'en doute point..., mais un homme qui pour une égratignure fermée n'ose bouger de son lit. Pouh!

—Franchement, je ne sais si moi-même, à sa place...

—Vous, mon cher ami, vous qui avez eu l'idée grandiose de mettre en peinture le *Festin de Balthazar*, vous vous seriez traité avec du vieux bordeaux... Tenez, entre nous, vous étiez le gendre qu'il me fallait, et je n'eusse pas regardé à quelques sacrifices pécuniaires... si ma parole n'eût été donnée en faveur d'Edmond, et si toutefois vous vous étiez senti quelque penchant à épouser Suzanne.

Saturnin laissa échapper une espèce de gémissement, se leva et s'élança vers la porte.

—Eh bien! eh bien! où courez-vous donc? demanda M. de Plenhoël tout surpris.

—J'ai une idée, un changement que je veux jeter sur le papier pour mon *Festin de Balthazar*.

—Oh! alors, je vous donne la clef des champs. Vous me montrerez cela, n'est-ce pas?

Saturnin était déjà bien loin. Il alla prendre le cheval que lui avait offert plusieurs fois un paysan, et enfourchant le quadrupède, il le poussa des talons et du fouet vers la chaumière de Jérôme.

On eût pu entendre de temps à autre le peintre murmurer :

—Ma position ressemble à celle de Tantale ; c'est le supplice de la tentation. Mademoiselle de Plenhoël est adorable !

IV

M. d'Ornecy, assis près de la fenêtre où flottaient encore les longs rideaux qui non moins qu'un riche et commode fauteuil contrastaient avec le reste du mobilier, suivait tour-à-tour des yeux la barque balancée comme un berceau sur les flots de la Loire, l'oiseau montant vers le ciel ou le nuage argenté chassé par le vent. À la barque il demandait mentalement d'endormir une triste pensée, à l'oiseau de la monter ainsi qu'une prière aux pieds de Dieu, et au nuage de la porter à celle qui l'inspirait.

Cette pensée, pas un de nos lecteurs, nous nous trompons, aucune de nos lectrices qui ne l'ait déjà devinée : Edmond songeait à l'ange de salut et de charité, fantôme ou réalité, qui deux fois s'était penché sur le lit du blessé, et qui, sa mission accomplie, avait disparu, ne laissant après soi d'autre trace qu'un parfum. Bien souvent M. d'Ornecy avait douté et résolu de ne pas attendre davantage ; mais toujours la campanule qu'il avait conservée lui était apparue comme une preuve de vérité et un gage d'espérance.

Une voix essoufflée frappa les oreilles du rêveur, deux mains couvertes d'ampoules saisirent les siennes, il reporta ses regards sur terre , où il aperçut Saturnin, rouge, haletant, ébouriffé, furieux.

—Ah! mon Dieu! interrogea vivement Edmond, qu'est-il arrivé?

—Tu le demandes? N'était-il pas bien difficile, ma foi, de le deviner.

—Écoute donc...

—Tu me laisses dans une jolie position. Les choses ne peuvent aller plus longtemps de la sorte , je t'en préviens : je n'y résisterais pas.

—En vérité, tu m'effrayes... Trouverais-tu la cuisine mauvaise chez M. de Plenhoël?

—Il ne manquerait plus que cela! Non, ton futur beau-père et moi nous passons la moitié du temps à table.

—Suzanne te témoigne-t-elle quelque antipathie?

—Suzanne... Suzanne. Nous cherchons ensemble des sujets d'étude pendant toute l'autre moitié du temps, avec... Suzanne.

—Oh! oh! il me semble que tu as dit Suzanne tout court.

—C'est possible, et tu devrais être honteux de ce que je ne dise point : Madame d'Ornecy.

—Suzanne sera ma femme ; un peu plus tôt, un peu plus tard, qu'importe : la chose est convenue.

—Il m'importe beaucoup à moi, qui suis obligé de faire la cour à ta cousine et de déguster chaque jour, en compagnie de M. de Plenhoël le vieux vin destiné à célébrer tes fiançailles.

—Ah! ah! tu fais la cour à ma cousine.

—Par amitié pour toi, traître!

—Et tu vides la cave de mon beau-père.

—Par dévouement, bourreau! J'endors de la sorte la mauvaise humeur du papa et trompe le dépit de la demoiselle, qui commencent l'un et l'autre à se sentir blessés, offensés même de ton peu d'empressement.

—Je te remercie, Saturnin, et je ne saurais me lasser de répéter que j'ai en toi un ami précieux. Il paraît néanmoins que ton dévouement a des bornes : tu as dit adieu à tes hôtes, tu retournes à Paris?

L'artiste accueillit cette supposition par un geste de dignité blessée.

—Tu me juges bien mal, poursuivit-il, je n'ai quitté Savenay que pour t'y ramener. Dépêche-toi : j'ai prié le père Jérôme de mettre à sa carriole le cheval qui m'a servi de monture. Nous partons à l'instant même.

—Pourquoi ne pas attendre à demain?

—Parce que j'ai promis à M. de Plenhoël de lui donner au

souper la revanche du déjeuner, et que ta cousine veut commencer, de grand matin et sous mes yeux, une étude de soleil levant. Je ne t'accorderai pas une minute.

—Je me rétracte, Saturnin : ton dévouement est inépuisable et tu le pousses jusqu'au sublime.

Le peintre prit un air modeste et se laissa serrer la main par son reconnaissant ami, qui ajouta :

—Je suis prêt à t'accompagner. Tu as peut-être raison, il vaut mieux que je parte.

Le bonhomme Jérôme entra.

—Vous quittez mon humble demeure ? dit-il à M. d'Ornecy.

—Il le faut, mon vénérable hôte, mais je n'oublierai jamais les soins que j'ai reçus sous votre toit.

—Je puis donc renvoyer au château de Kerneray ces objets de luxe inutiles à un pauvre pêcheur.

Il désigna le tapis, les rideaux, le fauteuil et plusieurs volumes élégamment reliés.

—Oui, répondit M. d'Ornecy, et j'aurai l'honneur, si elle le permet, d'aller moi-même remercier madame la douairière de Kerneray, de les avoir aussi obligeamment mis à ma disposition.

—Oh! monsieur, Mme de Kerneray vit très-retirée et elle accueille difficilement les visiteurs.

—Je me crois trop son obligé pour ne pas essayer au moins de lui présenter mes hommages.

—Vous êtes le maître d'agir selon vos sentiments.

Lorsque la carriole roula sur la route de Savenay, emportant les deux jeunes gens :

—Quelle est cette douairière de Kerneray ? demanda Saturnin.

—Je ne l'ai point vue.

—Quelque débris de l'ancienne noblesse?

—Probablement.

—Tu as l'intention de forcer les portes de son antique castel ?

—Je me contenterai de déposer ma carte au château.

— Mme de Kerneray préférerait certainement une lance rompue en son honneur.

Et de vigoureux coups de fouet hâtaient la course du cheval qui traînait le véhicule.

Edmond trouva chez M. de Plenhoël une réception polie, cérémonieuse et froide. Le retour de Saturnin fut presque acclamé comme une joie domestique. Le premier demanda de bonne heure la permission de se retirer dans la chambre qu'on lui destinait; on lui accorda sans difficulté ce qu'il souhaitait. Le second fit la partie de M. de Plenhoël, contre lequel il perdit, et, de plus, il donna la main à la mère et à la fille jusqu'à la porte de leur appartement.

Deux jours après son arrivée, M. d'Ornecy, inutile aux autres, ennuyé de sa propre personne, s'était dirigé vers le château de Kerneray, situé à une grande lieue de la maison de M. de Plenhoël. La longueur du chemin n'avait nullement effrayé Edmond. Il avait recouvré toutes ses forces et désirait se trouver véritablement seul. D'autre part, son absence suffisamment justifiée ne devait produire qu'un vide matériel. Il avait donc éprouvé d'autant moins de scrupule à s'éloigner qu'on lui témoignait plus d'indulgence pour son penchant à la solitude.

Perché au sommet d'une colline, le château de Kerneray, avec ses murailles noircies, sa tourelle démantelée, était bien tel que l'on se représente ces anciens manoirs féodaux dont les derniers vestiges auront bientôt disparu du sol comme ont disparu du pacte social les derniers priviléges seigneuriaux de leurs anciens propriétaires.

Quoiqu'une des ailes du château eût été transformée par l'architecture moderne, dont l'œuvre légère ressemblait à un nid construit sur le bord d'une aire, l'aspect général de l'habitation avait conservé quelque chose de sombre et de triste. Cette apparence confirma M. d'Ornecy dans la pensée que la châtelaine devait être aux humains ce que le château était aux monuments.

Edmond trouva la grande porte ouverte; il entra, et, n'ayant rencontré personne, traversa une vaste cour, monta les degrés qui conduisaient à un vestibule. Là il s'arrêta pendant un instant, toussa et fit inutilement résonner ses pas sur les dalles. Il commençait à se croire au milieu du palais de la *Belle au bois dormant.* Ennuyé d'attendre, il poussa une nouvelle porte et pénétra dans une salle basse. Enfin, un vieux domestique se montra. M. d'Ornecy sollicita l'honneur d'être introduit auprès de Mme la douairière de Kerneray. Le valet, tout en protestant du profond regret de la noble dame, déclara qu'elle ne pouvait recevoir aucune visite. Edmond allait laisser sa carte, lorsqu'il remarqua un tableau vers lequel il s'élança, afin de l'examiner plus attentivement.

C'était le portrait d'une jeune fille en costume de paysanne bretonne, moins la coiffure, qui avait été remplacée par des fleurs bleues et blanches.

M. d'Ornecy était trop ému pour parler; mais, du regard, il adressa au serviteur la question la plus intelligible du monde.

Celui-ci était, à peu de chose près, aussi troublé que le jeune homme; il répondit d'une voix entrecoupée :

— Ah! oui, oui... cela représente une... c'est-à-dire la... Eh mon Dieu, on a peint là tout simplement mam'selle Yvonne.

« Yvonne! Elle s'appelle Yvonne! » murmura Edmond qui retrouvait enfin la parole et il ajouta :

—Au nom du ciel, mon ami, apprenez-moi si cette charmante personne dont vous venez de prononcer le nom n'est point une ombre, un fantôme...

—Bonté divine! un fantôme! mais alors elle n'appartiendrait plus à ce monde. Non, Dieu merci, ma... mam'selle Yvonne est toujours notre belle et bonne...

—Achève.

—Ah! est-ce que je sais moi! je suis vieux, je radote... Voilà bien des mystères pour une pauvre fille qui... que... que madame la douairière a recueillie.

—Mon ami, poursuivit M. d'Ornecy avec un accent persuasif et plein de résolution, il faut que je parle à Mme de Kerneray... je reviendrai demain ; suppliez votre maîtresse de m'accorder quelques moments d'entretien.

—Oh! je ne me charge pas d'obtenir cela.

—Ne craignez rien, je n'ignore pas à combien de ménagements m'oblige son grand âge...

—Quel grand âge ?

—Le grand âge de Madame la douairière. Me serais-je trompé... ?

—Non, non, s'empressa de repartir le serviteur en se frottant les mains d'un air de jubilation assez singulier, non, non, ma maîtresse avait déjà les cheveux gris et marchait avec une canne lorsque je vins au monde.

M. d'Ornecy essaya vainement d'étouffer une exclamation de surprise. D'après ce point de comparaison Mme de Kerneray était d'âge à posséder des enfants à la cinquième génération au moins. Une pareille longévité n'avait pas d'exemple. Le serviteur souriait d'un étonnement qu'il prenait pour de l'épouvante et il ajouta malignement :

—Vous ne désirez plus autant obtenir un tête-à-tête de ma maîtresse, n'est-il pas vrai?

—J'espère, au contraire, que Mme de Kerneray voudra bien me recevoir demain. Répétez-lui bien que, dans le cas contraire, elle ne pourra ouvrir une fenêtre, franchir le seuil de son appartement sans m'apercevoir ou me rencontrer sous les murs du château, jusqu'à ce que j'aie obtenu la faveur que j'implore humblement.

Edmond s'éloigna comme s'il eût eu hâte d'accomplir quelque acte dont l'exécution importait à ses projets.

« Quel enragé ! dit le valet entre ses dents. Ce malheureux portrait a tout gâté. J'ai eu bien de la peine à sortir d'embarras. Courons tout conter à notre chère Madame, car je suis peut-être allé au-delà des ordres qu'elle m'avait donnés. »

M. d'Ornecy employa pour revenir à la maison de M. de Plenhoël moitié moins de temps qu'il n'en avait mis à se rendre au château.

D'après le silence qui régnait au sein du petit parc et de l'habitation, il pensa d'abord que ses hôtes avaient voulu jouir du plaisir de quelque excursion lointaine. Il interrogea l'unique servante qui composait tout le personnel domestique. Voici ce qu'il apprit : M. de Plenhoël s'était enfermé dans la salle à manger, Mlle Suzanne dans sa chambre et Saturnin chez lui.

—Mais, continua la servante, Madame est au salon et Monsieur peut s'y rendre.

Edmond aima mieux apprendre de M. de Plenhoël la cause de toutes ces incarcérations volontaires, et il alla frapper à la porte de la salle à manger.

—Qui vient me déranger? demanda l'ancien marin.

—Moi, Edmond.

—Descends au salon, tu y verras ma femme.

M. d'Ornecy insista; il ne reçut plus de réponse. Il s'éloignait, lorsqu'il rencontra Suzanne, qui sans doute n'avait pu résister plus longtemps à l'amour de la liberté. A peine Edmond eut-il entr'ouvert les lèvres, que la jeune fille lui coupa la parole par ces mots :

—Vous trouverez ma mère au salon.

Puis elle s'enfuit légèrement.

L'avocat pensa que l'on avait fait la gageure de l'envoyer au salon, où il n'avait pas l'intention d'aller. Il ne voulut pas en avoir le démenti et prit le chemin de la chambre que Saturnin occupait.

Celui-ci poussa l'obligeance jusqu'à ouvrir, de façon cependant à ce que son corps interceptât le passage au pauvre Edmond, qu'il salua à brûle-pourpoint d'un :

—Va au salon, tu y rencontreras Mme de Plenhoël.

Cédant à un mouvement de fureur, M. d'Ornecy prit l'artiste par les épaules, le repoussa rudement à l'intérieur et entra.

—Que m'importe, dit-il, ce qui se passe au salon. Que madame de Plenhoël y demeure tout autant qu'il lui plaira... tu seras libre d'aller la rejoindre tout-à-l'heure, si cela te plaît.

—Moi! tu veux que j'aille au salon à ta place?

—Pourquoi pas?

Saturnin lança un regard féroce à M. d'Ornecy et il s'écria :

—Comment, il ne suffira pas que j'aie recueilli... en ton nom toutes ces douces faveurs qu'une fiancée accorde à son prétendu et que Mlle Suzanne ne t'eût jamais pardonné de dédaigner si je ne me fusse montré très-heureux d'en être l'objet... par procuration; il ne suffira pas que je me sois laissé dorloter par Mme de Plenhoël comme un gendre; que j'aie mangé la meilleure part du veau gras immolé par ton futur beau-père : il faudra encore, après de pareils sacrifices, que je discute les clauses de ton contrat de mariage; car le notaire vient d'arriver et voilà pourquoi Mme de Plenhoël est au salon.

—Et pourquoi, probablement, tu t'es enfermé dans ta chambre, ma cousine dans son appartement et M. de Plenhoël dans la salle à manger. Ah! le notaire est arrivé pour dresser mon contrat de mariage! Et ce notaire vous a mis en fuite comme des oiseaux effarouchés!

—Mais il me semble, repartit Saturnin, la mine allongée, que mon rôle est terminé.

—Peut-être.

—Hein!

—Écoute, mon cher Saturnin.

La recommandation était superflue. Si les oreilles croissaient en raison de l'attention de leur propriétaire, celles de l'artiste eussent atteint le plafond. M. d'Ornecy continua ainsi :

—Quelque grand qu'ait été ton dévouement, il reste un sacrifice à y ajouter, et je ne crains pas de le demander à ton inépuisable amitié. Ne devines-tu pas?

—Ma foi, à moins que je n'épouse ta cousine, je ne...

—Justement.

—Allons, tu plaisantes.

—En aucune façon. Décide-toi vite : Puisque le notaire attend au salon ; il faut que l'un ou l'autre de nous deux s'y rende : Veux-tu que ce soit toi ? Après cela, si le sacrifice te paraît trop difficile...

—Non pas : rien ne me coûterait pour obliger un excellent ami : hélas! ce que tu me proposes n'est pas seulement difficile, mais impossible. Tu le sais : cette substitution d'époux annulerait le legs de cent mille francs fait par ton oncle en faveur de ton mariage avec Suzanne, et je n'ai rien à offrir en échange à Mlle de Plenhoël que ma personne.

—C'est quelque chose.

—Et mon *Festin de Balthazar*.

—C'est beaucoup. Un tableau que l'on n'estime pas moins de vingt mille écus!

—Oh! les appréciateurs ne sont pas les acheteurs.

—J'en connais un qui joint les deux qualités.

—Alors tu connais l'animal le plus rare : un millionnaire spirituel! Et le grand Cuvier, qui a retrouvé des races d'animaux inconnues n'était qu'un pauvre chercheur à côté de toi si tu as découvert le phénomène... vivant surtout, dont tu parles.

—Il existe si bien, qu'il offre, sans marchander, les vingt mille écus que j'ai dits de ton œuvre.

Le peintre cabriola à la façon des bonnes gens qui donnent deux sous pour se faire couper les jarrets ou cingler les flancs par une de ces commotions électriques débitées en plein vent. Il devint pâle, cramoisi, violet, jaune, et balbutia :

—Où as-tu rencontré cet homme de génie ?

—Au château de Kerneray.

—Et a-t-il vu mon tableau ?

—Sans doute. Tu te rappelles ce baron allemand qui m'a plusieurs fois accompagné dans ton atelier...

—Un baron allemand? Je n'ai pas le moindre souvenir de ses visites.

—Cherche bien : le baron de Hausenberg.

— Le nom ne me revient pas du tout... Attends donc... Ne serait-ce point ce grand blond?

—En effet : un grand blond.

—Non, cependant : le grand blond était un colonel russe, et se nommait Peteroff. Oh ! j'ai la mémoire des noms.

—Oui, mais tu brouilles les noms avec les figures. Enfin la difficulté n'est pas là. Je suis chargé d'acheter ton tableau par le comte de Berghausen.

—Quel est encore celui-là? ce comte de Berghausen?

—Tu vas recommencer?

—Je ne puis pourtant pas vendre mon *Festin de Balthazar* à deux personnes différentes. A moins que le comte Berghausen ne se contente de l'esquisse, je laisserai alors le tableau à M. le baron de Hausenberg. Ce sera quarante mille écus, au lieu de...

—Un instant! interrompit vivement Edmond, qui s'aperçut que Saturnin avait en effet la mémoire des noms beaucoup mieux que lui même, un instant! le baron et le comte ne sont qu'un même personnage : ces Allemands sont chamarrés de titres, et ils retournent sans cesse leurs noms : Berghausen, Hausenberg, c'est l'usage du pays.

—Je l'ignorais.

—Tu n'as aucune raison pour refuser l'offre de notre gentilhomme.

—J'ai mille motifs pour l'accepter, et j'accepte.

—Profite donc de la présence du notaire pour faire dresser un acte de vente en bonne forme, et rédiger un nouveau contrat de mariage.

— Ainsi tu me cèdes tes droits sur la main de Mlle de Plenhoël.

—A une condition : la moitié du prix, c'est-à-dire trente mille francs, pour lequel ton tableau se trouve vendu dès à présent, sera reconnue par le contrat comme dot, comme apport personnel de Suzanne.

—Le prix entier, si tu le veux.

—Le chiffre que j'ai fixé suffira. Maintenant, adieu, je te laisse arranger tout cela avec ta famille future.

—Tu nous quittes?

—Je reviendrai signer ton contrat. Je vais reprendre ma petite chambre dans la maison du père Jérôme. Je t'en conjure, ne tente pas de me retenir.

—Pauvre ami, conclut Saturnin, en embrassant M. d'Ornecy.

Et le peintre, qui n'avait pas prié depuis longtemps, murmura cette prière :

« Mon Dieu, faites un miracle pour lui : qu'il soit heureux à son tour ! »

Lorsque, le lendemain, M. d'Ornecy se présenta au château, le vieux serviteur le pria d'attendre dans la salle basse. Le portrait avait été enlevé.

Le valet reparut bientôt, et invita Edmond à le suivre : Mme de Kerneray consentait à recevoir le jeune homme.

La pièce où fut introduit M. d'Ornecy était à peine éclairée, tellement on avait eu soin de joindre les rideaux épais suspendus aux fenêtres. Il découvrit, non sans quelque peine, la douairière au fond d'un vaste fauteuil à oreilles. Mme de Kerneray paraissait redouter le froid tout autant que la lumière, car elle était véritablement enfouie sous un grand mantelet à capuchon.

Edmond exprima les remercîments qui servaient de prétexte à sa visite en termes plus vifs que prolixes; il était impatient d'aborder le véritable sujet de ses préoccupations.

—Madame, commença-t-il, j'ai remarqué hier un portrait...

La douairière l'interrompit d'une voix sur laquelle pesait un siècle :

—Le portrait de la petite Yvonne : Jean m'a raconté cela, dit-elle.

—Ce que l'on n'a pu vous apprendre, Madame, c'était que je

retrouvais là l'image d'une personne que je n'espérais plus revoir et qui m'était apparue...

—Si fait, je le sais aussi : Yvonne, qui, toute jeune, s'amusait déjà à étudier les vertus médicales de certaines plantes, n'a pu résister au désir, bien naturel d'ailleurs, d'employer sa science au profit de celui qui avait bravé la mort pour sauver un inconnu. Or cet inconnu, le brave Jérôme, est le père nourricier d'Yvonne.

—Jérôme mentait donc lorsqu'il m'assurait lui-même que personne...

—Il gardait un secret, voilà tout. Vous pensez bien qu'une petite paysanne n'eût jamais été assez hardie pour prodiguer ostensiblement de semblables soins à un beau jeune homme, à un élégant Parisien : Yvonne alla donc, pendant la nuit seulement, remplir son office de docteur, choisissant le moment où elle ne pouvait être aperçue. J'imagine que cette explication dissipera l'impression romanesque...

—Quelle qu'ait été l'impression dont j'ai été frappé, elle demeurera ineffaçable, je vous le jure, Madame.

—Serment de jeune homme. Heureusement Yvonne ne peut pas l'entendre, ne l'entendra jamais !

—Que voulez-vous dire ?

—La petite a quitté la Bretagne, la France.

Edmond n'essaya même point de retenir un mouvement de désespoir.

—N'ayez aucune inquiétude sur le sort d'Yvonne, ajouta la douairière, qui ne comprit pas ou ne voulut pas comprendre la signification du geste; ce départ assurait à ma protégée une position modeste et honorable.

M. d'Ornecy se leva, pâle, glacé, muet.

—L'affection de la famille dans laquelle vous allez entrer, l'opulence vous feront bien vite perdre le souvenir de cette enfant, ajouta doucement Mme de Kerneray, car elle sentait qu'elle devait un mot de consolation à notre malheureux héros.

—Je n'ai plus, dit le jeune homme, aucune joie de famille à espérer, Madame, et voilà toute ma fortune.

Edmond tira de son sein une campanule.

Mme de Kerneray se dressa tout-à-coup avec une prestesse bien extraordinaire, et sa voix, quoique fort émue, n'était plus la même lorsqu'elle reprit :

—Je ne puis vous comprendre, Monsieur.

—Rien de plus simple : d'une soixantaine de mille francs qui me restait de mon patrimoine, j'ai fait une dot à Mlle de Plenhoël, ma cousine, rachetant ainsi ma parole et ma liberté.

—Et elle a accepté ?

—Elle ne pourra refuser un argent auquel je dois la possession d'un tableau qui a coûté à son futur mari dix années de travail.

—Quoi, c'est là cette merveilleuse histoire de tableau acheté par un prince allemand ? Vous voyez, Monsieur, que je sais bien des choses, et je m'en explique maintenant une que bien d'autres ignorent, mais que j'avais devinée à demi, c'est-à-dire que vous étiez le véritable acquéreur de ce tableau.

—Ah ! Madame, combien vous avez été cruelle en permettant qu'Yvonne s'éloignât ! Que Dieu vous le pardonne !

M. d'Ornecy, la tête entre ses mains, se dirigea vers la porte.

—Un moment encore ! s'écria la douairière tremblante, Yvonne peut revenir !

Le long mantelet qui couvrait Mme de Kerneray s'ouvrit, glissa jusqu'à terre. Edmond poussa un cri de joie.

Comme un papillon brisant sa coque de soie, ou plutôt ainsi qu'une fée, Yvonne était sortie du lourd vêtement ; Yvonne, vêtue de son gracieux costume breton, mais coiffée, cette fois, du petit bonnet de paysanne.

—Yvonne... Mme de Kerneray... dit le jeune homme en hésitant entre ces deux noms.

—L'une et l'autre, dit la jeune femme, qui tendit ses deux mains à Edmond.

—Mais ce titre de douairière ?...

—Vous a bien effrayé? il vous étonne? et cependant j'ai droit de le porter. A dix-huit ans, je passai de la chaumière où j'avais été élevée dans le château de M. de Kerneray qui m'épousait, moi, pauvre fille, et, le même jour, en sortant de l'autel, me laissait veuve et riche. Au milieu de la fête célébrée pour mes noces, mon mari était frappé de mort subite.

Un silence de quelques instants suivit ces paroles. La douairière reprit :

—Je fis alors deux parts de ma vie : l'une fut consacrée à pleurer sous mes habits de veuve et de châtelaine la fin prématurée de mon époux ; la seconde, à porter, sous mes premiers vêtements, aux pauvres paysans qui avaient souffert, comme moi jadis, non-seulement les secours de l'or, mais encore les secours du cœur. En me voyant ainsi, ils ne me croyaient point supérieure à eux : j'étais leur amie.

—Mais, aujourd'hui, pourquoi ce déguisement, et, hier, pourquoi les mensonges de ce vieux domestique? pourquoi vous soustraire si longtemps à ma reconnaissance, à mon... ah! laissez-moi le dire, à mon amour?

L'aimable douairière rougit, baissa les yeux, et répondit :

—N'étiez-vous point venu dans ce pays pour épouser Mlle de Plenhoël, et *votre reconnaissance* n'eût-elle pas été un malheur pour elle et pour moi si ce mariage s'était accompli?

Edmond s'agenouilla. Dieu avait presque fait un miracle.

. . . .

Un mois plus tard, deux mariages se célébraient dans la petite église de Savenay. On remarquait dans la couronne de l'une des mariées une campanule bleue.

ANNE DE BEAUJEU.

En l'an 1480 à peu près, on eût pu voir, ou plutôt il eût été très-difficile d'apercevoir deux personnages parcourant un petit jardin encaissé dans de hautes murailles.

Le *qui vive* d'une sentinelle, le bruit des pas lourds et cadencés d'une ronde de soldats arrivaient parfois jusque-là, car l'étroit enclos était situé au sein même de ce célèbre château de Plessis-lez-Tours, que la méfiance, les terreurs de plus en plus vives d'un monarque vieillissant avaient fait entourer de piéges, trappes, traquenards terribles, engins piquants et tranchants, et de trous profonds qui s'ouvraient sous les pas de tout imprudent, puis se refermaient comme des tombeaux. La résidence royale était, de plus, close par d'énormes barreaux de fer en forme de grosses grilles, et fortifiée aux quatre coins par de grands et solides *moineaux* [1], dans chacun

[1] Grandes guérites.

desquels veillaient continuellement dix arbalétriers. En un mot, le château de Plessis avait un tel aspect, que Comines en a dit : « *Le lieu simplement estoit plus grand qu'une prison commune.* »

Revenons à nos deux promeneurs.

L'un se distinguait de l'autre par un certain ton d'assurance et de familiarité, beaucoup plus que par la tournure et surtout que par le costume dont la simplicité touchait presque à la misère. En effet, il portait des vêtements sombres, courts, étroits, bordés d'une maigre fourrure, et si fort usés, qu'un valet même s'en fût à peine contenté. Son petit chapeau, dont l'office était partagé avec une espèce de calotte noire, avait pour ornement une enfilade d'images en plomb qui, au moindre mouvement de tête, semblaient danser une ronde autour du feutre qu'elles entouraient.

De gros sourcils qui tantôt s'abaissaient pour cacher le regard, cette expression muette de la pensée, et tantôt se contractaient pour livrer passage à un éclair des yeux, des pommettes saillantes, une bouche aux angles mobiles, donnaient à la physionomie du personnage un cachet d'astuce et de méchanceté, que parfois cependant masquait un sourire de gaîté et de bonhomie.

Nous n'aurons sans doute rien à ajouter au portrait après avoir dit que le second des deux hommes s'appelait Tristan et était grand-prévôt du royaume.

Nous avons nommé le maître en nommant le valet.

Tous nos lecteurs ont déjà reconnu dans le premier le cinquante-huitième roi de France, Louis onzième du nom.

La tête penchée sur sa poitrine, Louis, qui venait de faire silencieusement quelques pas, s'arrêta tout-à-coup, et reprit ainsi une conversation probablement interrompue depuis quelques instants :

—Mes soupçons m'ont rarement trompé, compère. D'ailleurs, se défier pour régner longtemps vaut presque autant que *diviser*[1].

—Que pourriez-vous avoir à craindre du Dauphin, Sire ?

[1] On sait que la grande maxime du roi était celle-ci : « Diviser pour régner. »

—Hum!.., Je n'ai point oublié ce qu'entreprit un autre dauphin contre le roi Charles VII. (Que le ciel ait l'âme de mon père!)

—Oh! Sire, vous fûtes poussé à la révolte par...

— Et pasques-dieu! par l'envie de monter sur le trône le plus tôt possible. Or, puisque je suis aujourd'hui ce qu'était mon père, (que Notre-Dame-d'Embrun intercède pour lui!) pourquoi mon fils serait-il autrement que je ne fus?

—La jeunesse du Dauphin...

—Ah! compère, compère, où avez-vous donc laissé ce matin votre intelligence? Ajoutez à cette jeunesse-là un nombre d'années égal à l'âge de Mme de Beaujeu et du prince Louis d'Orléans, qui auraient l'une et l'autre des droits à la régence, et vous obtiendrez une somme d'ambitions assez grande pour m'inquiéter. Si je te parle ainsi, Tristan, c'est que... j'ai mes raisons.

—Je suis prêt, Sire, à exécuter vos moindres volontés; mais je crains qu'un acte de rigueur exercé contre d'aussi hautes personnes n'éveille les pensées que vous redoutez, et qui peut-être dorment encore.

Cette réflexion parut frapper l'esprit du roi, qui, aimant Anne de Beaujeu, sa fille aînée, un peu plus que les autres membres de la famille royale qu'il n'aimait guère, ressentait quelque chagrin à accuser la princesse. Il recommença donc à marcher en silence, jusqu'à ce qu'il eût atteint une partie du petit jardin où s'élevait un magnifique lis blanc.

Louis s'arrêta et attacha avec attention ses regards sur la girandole de fleurs éclatantes qui couronnait la plante. Pendant cet examen, le front du roi se couvrait visiblement de nouveaux nuages.

Parmi les huit fleurs qui formaient un brillant bouquet à l'extrémité de la tige du lis, celles du milieu avaient cessé de se dresser aussi superbes qu'elles se montrent ordinairement, et leurs sœurs placées un peu au-dessous, et plus modestes, ne se tenaient pas seulement inclinées, mais pendantes vers la terre.

Cet état anormal de la plante n'avait nullement attiré l'attention du grand-prévôt, qui s'occupait beaucoup plus du règne animal par rapport à l'homme, que des végétaux et des minéraux. Il était probable qu'il eût vu le lis pousser les racines en l'air, sans en témoigner ni éprouver le moindre étonnement. Le cas eût été bien différent si on lui eût appris que son aide Petit-Jean avait pendu un criminel par les pieds au lieu de le pendre par le cou.

—Vois-tu? vois-tu? dit le roi en désignant du doigt l'objet de sa muette contemplation.

Tristan ouvrait de grands yeux.

—Je ne sais, répondit-il, ce que Votre Majesté veut que je voie.

—Ce lis, pasques-dieu !... Regarde, compère !...

La respiration de Louis XI était devenue difficile, la voix sifflante, les paroles saccadées, ainsi que cela arrivait toutes les fois qu'il éprouvait un sentiment de crainte ou de colère.

Tristan imagina que son maître avait donné l'ordre d'enlever la plante qui, par un de ces motifs bizarres auxquels le roi cédait souvent, lui avait tout-à-coup déplu. Le prévôt s'approcha du lis, et, tirant l'épée, s'apprêtait à le jeter par terre. Mais Louis s'écria aussitôt :

—Que vas-tu faire, malheureux ?

—Un acte de justice, puisque cette grande herbe vous fatigue les yeux... Laissez, Sire, je suis dans mes fonctions.

—Arrière, bourreau!... Ne touche point du fer à ce lis!... Ingrat, traître, veux-tu m'assassiner ?

Le roi était blême, ses membres tremblaient; il fut obligé de s'appuyer contre un arbre.

Tristan se hâta de rengaîner, et courut vers Louis XI afin de lui prêter un appui. Celui-ci le repoussa, et dit seulement :

—Appelle mes Suisses.

Le grand-prévôt obéit avec cette impassible soumission qui faisait de lui non pas un serviteur, mais une chose, une espèce de machine à exécutions qui broyait et dévorait tout ce que le monarque lui donnait à broyer ou à dévorer : grands et petits, hommes et choses.

Les Suisses formaient une garde toute nouvelle à la cour de France. Ils y jouissaient de priviléges particuliers, et ne relevaient que du trône; c'étaient en quelque sorte les dents de la machine dont nous venons de parler, et qui avait nom Tristan-l'Ermite. Leur capitaine en tête, ils se rangèrent en bataille dans une cour précédant le petit jardin.

—Sire, demanda Tristan, que faut-il commander à vos braves soldats?

—Hum!... oui, j'aime autant que ce soit toi qui commandes. Hum!... cela sera plaisant... Pasques-dieu, compère, j'avais besoin de rire un peu. Allons, fais approcher le gentil commandant de nos féaux défenseurs.

Sur un signe, le capitaine suisse vint se placer à quelques pas de nos deux personnages. Le roi reprit :

—Tristan, nous désirons que l'on garde à vue Mme Anne de Beaujeu, notre bien-aimée fille, et aussi notre affectionné cousin Louis d'Orléans; puis encore que Charles, notre précieux dauphin, ne puisse communiquer avec personne autre que nous-même ou le cher Olivier.

Le grand-prévôt transmit froidement cet ordre à l'officier, et comme s'il n'eût été question que d'une chasse dans la forêt.

Trente Suisses divisés en trois pelotons s'éloignèrent.

Le capitaine, qui était allé donner les instructions nécessaires à ses soldats, revint prendre sa place.

Tristan, supposant que son maître n'avait plus rien à *désirer* :

—Rentrez, dit-il, le roi est satisfait.

—Doucement, compère, ajouta cependant Louis. Comme vous aimez besogne faite aujourd'hui! Ne vous ai-je point promis que nous ririons, car n'est-ce point sujet de joie pour moi et pour vous, mon dévoué compère, que le châtiment d'un criminel d'Etat? Vite, commandez que l'on arrête le traître.

—Nommez le coupable, Sire.

—Hum ! Tristan, vous n'êtes plus à la hauteur de vos utiles fonctions. Deviner est souvent plus habile qu'exécuter. Il faut tout vous dire maintenant.

—J'avoue...

—Eh bien ! répète donc ce qu'il nous reste à ordonner, afin que nous ne paraissions pas te retirer le privilége de recevoir nos commandements, ce qui pourrait ressembler à une disgrâce.

—Sire, j'écoute, et vous verrez par la promptitude de mon obéissance que je mérite encore vos bonnes grâces.

—Aussi, ne saurais-je me décider à te les retirer ; je veux te conserver ma faveur *en quelque état que tu te trouves.*

Le ton mielleux du roi, ses regards pleins de tendresse, firent éprouver au grand-prévôt une de ces émotions mixtes que doit ressentir la souris entre les pattes veloutées du chat, qui la caresse avant de la croquer. Un dernier sourire de Louis XI donna sans doute un caractère précis aux émotions de Tristan ; il murmura avec frayeur :

—Sire, quel est mon crime ?

—Tu le demandes, hypocrite !

—Je suis disposé à confesser sans crainte à Votre Majesté tous les actes de ma vie.

—La belle occupation pour ma Majesté qu'écouter un pareil récit ! D'ailleurs, elle n'a point reçu du ciel mission, ni pouvoir d'absoudre, Ne crains rien, compère ; dans mon affection, je t'ai choisi un confesseur qui n'a pas confessé depuis longtemps et qui n'en sera que plus disposé à t'entendre, Seulement, comme le cardinal vit maintenant très-retiré du monde, il te faudra partager la retraite du digne prélat...

—La retraite de la Balue, Sire ?... mais c'est un affreux cachot...

—C'est un endroit très-favorable au recueillement et où tu feras ton salut mieux qu'en aucun lieu du monde.

—Avant de me condamner...

—Je ne te condamne point, je t'ouvre les portes du ciel... et de Loches[1]. Va donc sous la garde de notre dame de Cléry... et la protection de mes Suisses... Allons, obéissant serviteur, dis donc à notre capitaine que nous ordonnons que l'on t'arrête, toi, grand-prévôt du royaume.

Il ne fut pas nécessaire cette fois que Tristan transmît l'ordre. Louis avait parlé assez haut pour être entendu même par les soldats. Le prévôt se trouva aussitôt entouré.

—A Loches! dit alors le roi.

Et il s'éloigna sans tourner la tête vers son compère.

Le capitaine demanda l'épée du prisonnier avec l'indifférente et passive soumission dont le grand-prévôt avait si souvent et tout-à-l'heure encore donné l'exemple.

—Mais, objecta Tristan, qui ne croyait guère à ce qu'il allait avancer, ne voyez-vous point que le roi a voulu plaisanter ?

—Il faut nous prêter au bon plaisir du roi; votre épée et partons, répondit imperturbablement l'officier.

—Laissez-moi une heure et...

—Non, non, cela pourrait gâter la plaisanterie.

—Je pensais avoir en vous un ami, Franz.

—Vous pensiez bien : je vous conduirai tout aussi amicalement à Loches que vous avez respectueusement fait garder par mes soldats le Dauphin, une princesse de France et un prince du sang, car vous leur devez respect et déférence.

—Le roi changera bientôt de sentiment et me rappellera auprès de lui.

—Alors, j'irai vous chercher, s'il me l'ordonne.

—Et s'il ne l'ordonnait pas, mon cher Franz ?

—Ce serait qu'il n'aurait pas changé de sentiment.

Tristan comprit qu'il n'avait pas plus de commisération à espérer qu'il n'avait accordé de pitié aux autres. Ministre impla-

[1] Château ou plutôt formidable prison. « Là, rapporte un historien du temps, étaient cages de fer et autres de bois, avec terribles ferrures de quelque huict pieds de large et de la hauteur d'un homme. » Le cardinal de la Balue, qui les inventa, fut enfermé dans une de ces cages pendant plusieurs années.

cable et docile des volontés royales, il avait choisi lui-même des agents impitoyables. Le capitaine était de ce nombre.

Le grand-prévôt s'était vu tout-puissant et avait oublié qu'au-dessus de lui était le roi, comme Dieu était au-dessus du roi. Maître et valet avaient semé la cruauté et recueillaient, celui-ci la crainte et le remords, celui-là l'ingratitude et le malheur.

L'homme qui fait le mal ressemble à un insensé mettant le feu à la maison de son voisin. Le pauvre fou jette des matières à l'incendie et il s'aperçoit seulement que les flammes gagnent sa propre habitation lorsqu'elle est déjà embrasée et va l'engloutir sous ses débris fumants.

Tristan détacha sa rapière et la remit au capitaine. La petite troupe partit muette et lente ainsi qu'un cortége funèbre.

Les sévères précautions, les mesures de rigueur, jugées nécessaires par le roi, eurent bientôt jeté l'étonnement et le trouble dans le château de Plessis-lez-Tours. De tous côtés on courait, interrogeait, parlait à voix basse d'une petite ligue de cour.

Un individu, au visage de fouine, aux regards obliques, à la démarche vive, paraissait surtout prendre à cœur un pareil événement. Quoiqu'il fût vêtu le moins magnifiquement possible et ne portât les signes d'aucun grade, d'aucune dignité, chacun néanmoins se précipitait sur son passage.

—Un mot, maître Olivier, disait l'un.

—Mon cher Olivier, reprenait un autre, écoutez-moi.

Ces suppliques étaient suivies de cent questions adressées au même individu.

—Que se passe-t-il donc ?

—Avez-vous vu le roi?

—Vous êtes le confident de Sa Majesté : apprenez-moi la nouvelle.

—Est-il vrai que...

Aussi souple qu'une anguille, notre personnage serpentait au milieu des curieux, ou échappait aux plus importuns à la faveur d'un bref « Je ne sais rien : » ce qui, par exception, était vrai.

Olivier-le-Daim arriva ainsi jusqu'à l'appartement d'Anne de Beaujeu ; il trouva les portes gardées par plusieurs suisses. Cependant on le laissa passer. Une dame d'honneur courut prévenir la princesse de la visite du barbier royal.

Anne était en ce moment agenouillée devant une image sainte. Elle ne se releva point, tourna à peine la tête et dit d'un ton calme :

—Laissez venir à moi mes amis, s'ils le peuvent, et mes ennemis s'ils l'osent.

Ami ou ennemi, Olivier s'était glissé sur les pas de la dame d'honneur, et était entré sans perdre un temps précieux à attendre qu'on lui apportât l'agrément de la princesse, et craignant peut-être un refus s'il demandait à être introduit.

Anne de Beaujeu ne témoigna ni crainte ni mécontentement. Elle se contenta de redresser son buste élégant, d'abaisser ces mains blanches et effilées dans lesquelles, par un pieux recueillement, elle avait tenu cachée sa figure belle et intelligente.

—Que souhaite le roi de sa fille soumise et de son humble sujette ? interrogea la princesse, plaçant, au moyen de cette question, sa dignité sous la sauvegarde d'une volonté supérieure à toutes choses. Anne ne se sentait pas la puissance de punir l'insolente hardiesse d'Olivier, elle avait l'habileté de la justifier dès les premiers mots.

Olivier-le-Daim, ce barbier qui, grâce à ses avis, à ses conseils même, avait su se gagner la confiance du monarque le plus adroit, était trop rusé pour ne pas apercevoir l'artifice auquel la dame de Beaujeu avait recours, et trop habile, dans tous les cas, pour n'en point faire son profit. Il répondit donc à l'aide d'une de ces phrases ambiguës et entortillées que Louis XI avait mises à la mode en politique :

—Madame, je suis un messager... sans message. Le roi m'envoie vers vous, il est vrai, mais j'ignore à quelle intention. Peut-être Sa Majesté l'a-t-elle déjà oublié elle-même, tant elle a le cœur déchiré à cause des ordres qu'elle a été obligée de donner touchant les plus illustres personnes du royaume. Vos lumières m'éclaireront sans doute.

—Je ne puis, quelques lumières que vous me prêtiez, pressentir les desseins de votre maître. Retournez donc auprès de lui et dites partout que vous m'avez trouvée priant Dieu afin que le roi distingue le vrai du faux; ajoutez que ma résignation est égale à mon respect pour Sa Majesté, et ma tendresse filiale inaltérable; que si, par mégarde, car je ne sais point encore ce dont on m'accuse, j'ai offensé le roi, je lui en demande pardon. Allez.

Anne accompagna cette dernière parole d'un geste de congé si ferme et si digne, qu'Olivier n'osa pas insister, lui qui, pourtant, osait bien des choses.

Il sortit l'oreille basse, le regard plus oblique, et sa face de fouine un peu plus allongée.

Le barbier prit une galerie à peu près déserte qui conduisait au logement occupé par le premier prince du sang, Louis d'Orléans. Là encore, il vit des sentinelles suisses, mais, comme les premières, elles ne s'opposèrent nullement à ce qu'il entrât.

C'est qu'après et quelquefois même avant le roi, Olivier était l'homme devant lequel s'ouvraient toutes les portes. Qu'était donc Olivier-le-Daim? Le fait suivant nous l'apprendra :

Un gentilhomme irrité contre le barbier, qui avait négligé de le saluer, lui ayant demandé fort ironiquement, un jour, quel rang il croyait occuper auprès du roi, Olivier prit dans sa trousse un instrument bien connu, l'ouvrit et répondit humblement :

—Je ne suis au roi, je le sais bien, que ce que le pauvre manche de mon rasoir est à cette lame.

Or, jamais on n'avait vu lame mieux trempée ni plus tranchante, et le gentilhomme comprit que le manche sur lequel elle jouait n'était pas trop à dédaigner.

Personne, depuis cette époque, n'adressa au barbier de question aussi indiscrète et on le laissa parfaitement libre de saluer qui bon lui semblait; beaucoup de gens firent plus : ils lui tirèrent leur révérence chaque fois qu'ils en trouvèrent l'occasion.

Olivier, ainsi que nous l'avons dit, pénétra sans difficulté dans le logis du prince A peine eut-il traversé la première pièce qu'il se trouva face à face avec un valet allemand qui lui barra résolûment le passage.

—Où *fous* aller, *ma petite sire?* apostropha le lourd Germain.

—Laissez-moi passer, monseigneur m'attend.

—*Fous* rester là, tout de suite! monseigneur *elle* dort.

—L'un n'empêche pas l'autre.

—Oui mais *fous* empêcher mon maître de dormir, si tu entres.

—Mon ami, ne me reconnaissez-vous pas?

—Moi, point me rappeler *la* petit physique. Qui *fous* être?

Évidemment le valet n'avait pas été témoin de la scène à laquelle avait donné lieu le mécontentement de ce seigneur qu'Olivier-le-Daim avait oublié de saluer.

Olivier ajouta, non sans espérer un bon effet de sa réponse :

—Je suis le barbier du roi!

—Eh bien! va faire *son* barbe!

Le barbier commença à penser qu'il n'aurait pas facilement raison avec un pareil logicien; toutefois, comme il ne voulait pas faire de bruit, il essaya encore de la persuasion et continua :

—Prends garde, monseigneur le duc se fâchera si tu m'empêches d'entrer.

—Oh! lui ne peut plus se mettre en colère; cela être impossible.

—Pourquoi, impossible?

—Parce que *la* duc être furieux depuis qu'il a vu des soldats à *son* porte... et mon maître *afre* juré de ne parler à personne

—Mais moi, je...

—Être *fous* personne *fous?*

—C'est tout comme.

—Ah! *Der teufel!* je vais bien voir en rossant *fous.*

Cet argument personnel décida Olivier à battre en retraite. Le fidèle Allemand possédait non-seulement une de ces têtes carrées d'où s'échappent des ripostes lourdes comme des pavés, mais aussi deux bons bras qu'il paraissait disposé à faire intervenir dans la discussion.

Le barbier, dont le visage pointu avait atteint les proportions d'un museau de renard, reprit donc sa course. Il se dirigea vers le corps de bâtiment réservé à la maison du Dauphin, traversa au milieu des gardes, et parvint sans encombre auprès du jeune fils de Louis XI.

Le Dauphin n'avait guère que douze ans. A travers l'expression de tristesse et d'ennui répandue sur ses traits, il était facile déjà de découvrir l'empreinte de ce caractère chevaleresque, de cette imagination romanesque qui devaient lui faire entreprendre la conquête du royaume de Naples, et lui ouvrir, après une marche triomphale, les portes de Rome.

Mais en attendant ces brillants succès et la couronne qu'il devait porter sous le nom de Charles VIII, l'enfant, prisonnier à la cour de France, pleurait et se dépitait de ne pouvoir courir après quelque papillon ou prendre au trébuchet un malheureux oiseau.

Le Dauphin ne témoignait ordinairement aucune affection à Olivier-le-Daim, et, pour la première fois, il courut au-devant du barbier.

La liberté est une si belle et douce chose que les prisonniers l'aiment, l'accueillent et la caressent dans tout ce qui est libre : dans la feuille qui passe, dans le nuage qui s'enfuit, dans l'ennemi même qui vient à eux.

Voilà pourquoi le pauvre petit Charles ouvrit ses bras à Olivier-le-Daim, qu'il n'aimait pas.

Enchanté d'une aussi gracieuse réception, le barbier compta bien ne pas s'en aller les oreilles entièrement vides de ce qu'il lui importait d'apprendre. Rien n'était plus aisé que d'obtenir quelque aveu d'un enfant sans défiance et sans malice. L'homme le moins rusé y fût parvenu.

Olivier devait encore échouer.

Il n'eut pas le temps d'ouvrir la bouche que le Dauphin le prévint par cette rapide et multiple question :

—As-tu vu mon beau *lilium* [1] ? Lui a-t-on donné des soins depuis que je ne l'ai approché ? N'est-il point mort?

Le barbier ne se doutait même pas qu'il vécût un lis dans le château. Il n'en affirma pas moins que la plante était très-florissante et des mieux soignées.

Le Dauphin ne se tint pas pour satisfait. Aussitôt que son interlocuteur voulait choisir un autre sujet d'entretien que le beau *lilium*, il l'interrompait ou ne prêtait plus aucune attention. Olivier perdit patience, et, pour en finir avec le lis malencontreux, il déclara maladroitement que la plante avait péri.

Alors, ce fut bien pis : à l'inattention du Dauphin succédèrent d'abord les pleurs, les exclamations de désespoir, puis le mutisme le plus complet, le plus invincible.

Le barbier fut obligé de se contenter de ce qu'il avait appris, c'est-à-dire que la dame de Beaujeu était en oraison, que Louis d'Orléans dormait, et qu'un lis blanc était poussé dans le petit jardin du château de Plessis-lez-Tours.

Ainsi, une ligue formée, disait-on, entre les trois premiers personnages du royaume, avait été découverte, révélée sans qu'Olivier-le-Daim en connût le plus petit mot. Quelle confusion pour le conseiller dont le métier, le talent consistaient à fabriquer des complots au besoin—et la politique de Louis XI en était toujours très-friande.—Il sentit que son crédit était perdu s'il ne parvenait à le sauver par un coup de maître.

Tout en se rendant auprès du roi, Olivier, malgré les nouvelles captations qui l'assaillirent, songeait à se tirer d'affaire. A moitié chemin, il avait déjà trouvé ce qu'il cherchait.

Puisque, pensait-il, j'ai eu le tort de ne pas deviner cette pauvre intrigue, nions qu'elle existe, si les preuves sont douteuses ; dans le cas contraire, démontrons au roi qu'il n'avait aucun intérêt à en être instruit, et qu'il n'aurait rien à y gagner. J'ai donné assez souvent l'apparence de la vérité au mensonge, pour savoir prêter l'aspect du mensonge à la vérité.

[1] Lis.

Dès qu'Olivier parut, Louis XI congédia ceux qui l'entouraient.

Le roi paraissait inquiet, souffrant. De temps à autre, des tressaillements fébriles agitaient tout son corps.

—Mettez-vous là, maître Olivier, dit Louis en ricanant, que je vous fasse la barbe!

—Sire, vous plaît-il d'humilier votre indigne serviteur?

—Serviteur qui me sert assez mal!

—Je me suis toujours efforcé de mettre mes humbles services à la hauteur du besoin que Votre Majesté en avait, répondit le barbier avec une hardiesse à laquelle il devait, presque autant qu'à une remarquable finesse d'esprit, l'influence qu'il exerçait sur le roi.

—Hum..., reprit Louis déjà beaucoup moins irrité, as-tu seulement soupçonné qu'Anne et Orléans pouvaient essayer de renouer en y enchaînant le dauphin cette fameuse *ligue* du *bien* ou plutôt du *mal public* que j'ai eu tant de peine à briser?

—Était-il donc nécessaire aux desseins de Votre Majesté de supposer l'existence de cette nouvelle ligue?

—Je ne suppose rien, pasques-dieu! elle existe, elle doit exister par son propre fait.

—Oh! oh! Sire, c'est assez de dire qu'elle *pourrait* exister, si vous en aviez besoin.

—Ainsi, tu crois que cette intrigue de cour, car je veux bien ne pas lui donner plus d'importance, n'est que chimérique?

—Oui.

—Et cependant le lis a courbé vers la terre son front couronné, les brillants fleurons de son diadème se sont ternis, et j'ai vu aujourd'hui un impie menacer la plante royale d'un fer mortel.

—Vos paroles, Sire, laissent percer un mystère auquel Votre Majesté n'a point daigné m'initier.

Les traits du roi s'étaient contractés; une espèce d'égarement se peignait dans ses yeux. Il reprit après un moment de silence:

—Écoute : le ciel était lourd, chargé de nuages, une nuit orageuse avait succédé à un jour terne, depuis combien de temps, je l'ignorais. Ma tête brûlait, j'avais besoin d'air, une force inconnue me poussait au dehors, une fascination surnaturelle m'attira jusque dans cet enclos où j'ai emprisonné avec moi quelques fleurs et un peu de verdure. Mes genoux ployèrent; une main d'airain semblait peser sur mes épaules ; je tombai à genoux. Alors, l'air devint plus lourd, les nuages plus épais, l'orage éclatait. Tout-à-coup un éclair pâle comme un linceul déchira le ciel et la terre, et livra passage à une ombre gigantesque. Je voulus crier grâce ; la voix m'étouffa. Je me trouvai face à face avec le fantôme : c'était le duc de Nemours[1]. « Sire roi, me dit-il, humilie-toi, car ta vie est aussi fragile que l'existence de ce lis, et tu dois mourir de la même mort que lui. » Il désigna un lis blanc au pied duquel j'étais agenouillé et disparut avec l'éclair qui s'éteignit... Chaque jour, depuis cette terrible apparition, je suis allé prier et me repentir à l'endroit où elle s'était montrée.

En ce lieu que nul, excepté moi, ne visite, je rencontrai un matin Anne, Orléans et le Dauphin; avant qu'ils m'aperçussent, je saisis quelques paroles échangées entre eux. telles que *prudence, trône, juste récompense.* Mon aspect causa le plus grand trouble aux trois interlocuteurs; ils se turent aussitôt, rougirent et baissèrent les yeux. Je conçus quelques soupçons, sans en rien témoigner. Deux jours je me cachai derrière une charmille d'où je pouvais, inaperçu, tout entendre; mais ils ne revinrent pas.

Aujourd'hui, je remarquai que le lis semblait se courber sous le poids d'un danger invisible. Les fleurs avaient perdu de leur éclat, de leur parfum. Je ne pus douter que ce ne fût un avertissement; je le crois encore. Oui, je pense que Notre douce Dame d'Embrun, en conduisant les coupables dans l'endroit où je les ai surpris, a pris soin de me les désigner : qu'elle soit bénie et me conserve sa bien heureuse protection !

[1] Décapité dans les halles.

Olivier-le-Daim réfléchit pendant un instant, puis il dit :

—Sire, voulez-vous souffrir un conseil ?

—Parle.

—Feignez de partir pour la chasse, retournez vous cacher derrière la charmille du jardin, et rendez la liberté à vos prisonniers.

—Que résultera-t-il de tout ceci ?

—La preuve la plus évidente qu'il n'y a de complots que ceux qu'Olivier-le-Daim découvre. Si je me trompe, je me soumettrai à ce que vous me fassiez la barbe.

Le roi suivit le conseil de son barbier.

A peine Louis XI était-il blotti dans sa cachette, qu'il vit accourir le Dauphin, tenant par chacune des mains Anne et Orléans.

—Oh ! regardez, s'écria l'enfant, comme le beau *lilium* est malade ! Mon Dieu, il mourra si nous n'osons plus venir le soigner parce que le roi nous a rencontrés ici. Vous savez bien pourtant combien mon père aime à contempler cette superbe plante, puisque nous nous sommes *ligués*, ainsi que vous le dites, pour la faire vivre le plus longtemps possible.

—Hélas ! gentil frère, répondit la dame de Beaujeu, nous sommes en un temps et dans une cour où les plus innocentes et les plus louables conspirations peuvent avoir de funestes résultats.

—Oui, ajouta Orléans, et je pense que notre ligue a déjà inspiré de l'ombrage au roi. Il faut la dissoudre.

— Non, mes amis, dit une voix derrière les conjurés ; cette ligue-là, pasques-dieu ! c'est la bonne, et j'en deviens le chef.

Louis XI, qui venait de parler ainsi, embrassa ses enfants, et tendit la main au duc. Puis, emporté par l'habitude de dissimulation dont il s'était fait une loi, il ajouta :

—J'avais tout deviné, et j'ai seulement voulu vous effrayer.

Olivier-le-Daim montra sa mine pointue.

—Que l'on me ramène Tristan mon compère, dit le roi ; et toi, viens me raser.

Louis Lassalle del.

NANETTE LOLLIER.

Paris, Imp. Godard Q. des Augustins 55

Le quartier des vieilles halles de Paris, qui ne laissera bientôt plus de traces de sa physionomie ancienne, présentait un singulier aspect vers l'année 1740.

Un vaste terrain, circonscrit irrégulièrement dans un amas de hautes maisons que le temps et les émanations d'un air vicié avaient noircies, était envahi dès les premières heures du jour par la foule agitée des marchands de toutes sortes et des acheteurs de toutes classes.

Maraîchers, nourrisseurs, herbagers, laitières, à pied, à cheval, en chariot, se disputaient l'emplacement et le passage, en termes empreints de brutalité et de licence et presque oubliés aujourd'hui, grâce au progrès qui, en adoucissant les mœurs du peuple, a purifié son langage.

La halle était à la fois un marché de denrées, un lieu de vente au détail d'objets de mercerie, de ferronnerie, de friperie, où chaque marchand cherchait à attirer l'attention sur son achalandage par les cris les plus bizarres, par le son discordant de la trompe et du cor de chasse, ou par le bruit aigu d'un moulinet à main, alors en usage : la crécelle, qui imitait le chant saccadé et dur de l'oiseau de proie qui porte ce nom.

Par intervalles, des clameurs exprimant l'effroi s'élevaient; cette masse compacte s'agitait et se divisait en fuyant vers les ruelles nombreuses qui fermaient les issues des halles : ce mouvement était causé par l'irruption subite d'un troupeau de bœufs, qu'un bouvier insouciant conduisait à travers le marché. Souvent un de ces animaux, effrayé par le tumulte que causait son passage, entrait en furie et frappait ou renversait tout ce qui faisait obstacle à sa course.

De graves accidents se renouvelaient chaque jour, sans que l'autorité s'en émût et prît des mesures pour en empêcher le retour.

Un matin, un de ces faits si communs s'était renouvelé, et, comme d'habitude, la foule, un moment dispersée et émue, avait bientôt oublié l'incident; seulement un groupe de causeurs s'était formé, et au nombre des oisifs qui étaient en quête de détails pour alimenter leur curiosité, se trouvait André Lollier, un des préposés au balayage du carreau de la halle.

André ne se séparait jamais de son instrument de travail, qui était entre ses mains comme un insigne indicateur de ses fonctions. Dans la réunion improvisée qu'avait causée le fait dont on s'entretenait, le préposé à la propreté de la voie publique appuyait complaisamment sa tête chauve sur l'extrémité de son balai et il écoutait attentivement les récits qui s'échangeaient.

De temps en temps, le père Lollier imprimait à son regard un mouvement oblique. Ce signe révélait une certaine crainte qu'il avait d'être surpris par sa femme en flagrant délit de paresse.

Marguerite Lollier, femme du balayeur, était, comme on disait à la halle, une dure travailleuse; elle connaissait le prix du temps, et sachant l'économiser, elle ne permettait pas à son mari d'en être prodigue; après avoir été mère et nourrice de onze enfants, elle avait trouvé pendant seize hivers, dans la vente des citrons et des oranges, et pendant seize étés, dans la vente des fleurs, assez de profits pour élever toute sa famille, dont l'aînée nommée Nanette allait avoir bientôt dix-sept ans.

Tout-à-coup, la cloche annonça l'heure du dîner aux ouvriers des marchés; le père Lollier ne restait jamais sourd à cet avertissement. Au premier tintement de la voix de métal, il avait tourné le dos aux conteurs d'histoires, et il allait prendre la route du domicile de famille, quand il se trouva vis-à-vis de sa femme.

André se hâta de parler avant que Marguerite prît la parole; elle lui aurait reproché d'avoir suspendu son ouvrage pour écouter des propos de commères ou des paroles de bateleurs débitant en plein vent des onguents pour les brûlures. André hocha la tête et donnant une expression émue à sa figure, il dit :

— Femme, il vient de se passer une grave affaire vis-à-vis le cabaret de la *Treille Normande*. Une grande dame, qui s'était aventurée à pied dans la halle, sans doute par caprice ou peut-être par économie, pour faire ses provisions elle-même, a glissé sur le pavé au moment où son domestique venait de la quitter par son ordre. On courait à son secours quand un troupeau de gros bétail, piqué par le fouet d'un bouvier, a débouché à toute vitesse de jambes de ce côté-là. Tout le monde s'est enfui excepté la pauvre dame, qui a été foulée par ces butors de bestiaux.

— Est-elle morte ? dit avec une profonde émotion Marguerite.

André ayant fait un signe négatif de tête, Marguerite rassurée, ajouta en portant ses deux mains sur ses hanches : « Qu'est-ce que ces dames de la noblesse viennent faire par ici... elles n'ont pas comme nous le pied fabriqué pour nos pavés, elles trébuchent... Dieu, mon Dieu, que les pieds qui sont créés pour les tapis restent sur les tapis... et qu'ils ne viennent pas sur notre carreau. Le poisson dans son eau, l'oiseau sur sa branche, chacun à sa place. »

Lollier et sa femme avaient atteint leur logis, en faisant des commentaires sur l'événement et sur les soins empressés qui avaient été donnés à la victime de l'accident par les femmes, les jeunes filles courant à l'envi, après le passage du troupeau, sur le lieu de l'événement.

A l'heure à laquelle la bouquetière rentrait dans son logis avec Lollier, le couvert était d'habitude dressé ; c'était Nanette, l'aînée de la famille, qui était chargée de ce soin domestique. Elle le remplissait avec une exactitude et un zèle qui témoignaient de l'affection qu'elle portait à ses père et mère. Elle était l'intendante du logis de la famille, où elle avait pour aide dans ses travaux de ménage deux de ses jeunes sœurs, dont l'âge ne permettait pas encore l'éloignement, et qui devaient attendre encore quelques mois avant d'entrer en apprentissage.

Le jour où la mère Lollier arriva au logis en même temps que son mari, leur étonnement fut grand quand ils s'aperçurent que, pour la première fois, Nanette avait manqué à son devoir. Aucun préparatif n'était fait pour le repas de famille. Les jeunes filles, questionnées, répondirent que depuis plusieurs heures l'aînée était sortie, suivant son habitude, pour faire ses approvisionnements, et que depuis elle n'avait pas reparu.

La bouquetière laissa percer un mouvement d'impatience. Plusieurs heures se passèrent, la nuit vint, l'inquiétude augmenta avec la marche des heures ; ni la mère de famille, ni André, ni les deux enfants ne se rappelèrent que le moment de prendre la nourriture était depuis longtemps écoulé.

Pendant toute la durée de la nuit, Marguerite et les enfants veillèrent, prêtant l'oreille au moindre bruit venant du dehors, et trompés à chaque instant dans leur espoir de voir paraître celle vers laquelle toutes les pensées se tournaient. André courut dans toutes les directions du quartier où il avait des parents ou des amis. Il ne découvrit aucune trace, il ne put recueillir aucun renseignement.

Aux premiers rayons du jour, le père de Nanette revint, pâle, abattu; il monta précipitamment les cinq étages au-dessus desquels était son logis... puis il ralentit le pas quand il fut au moment de franchir les derniers degrés. Le silence qui régnait devint pour lui un mauvais augure... Si Nanette était revenue, se disait-il mentalement, la famille serait dans la joie; le bonheur comme la tristesse a ses veilles. On se tait... C'est qu'on pleure tout bas.

Le retour du chef de la famille mit le comble à la douleur des parents de Nanette.

L'heure du travail était proche. La pauvreté n'a pas le privilége que les riches s'attribuent, celui de vivre isolés, cachés au monde quand une catastrophe vient porter le deuil dans leur demeure.

Il faut que l'ouvrier qui vit du labeur de chaque jour, et qui gagne le pain de la famille, ait le courage de sa douleur : il est forcé de la mettre au grand jour, de l'exposer aux regards des indifférents ou des curieux, ou bien il faut qu'il la cache au fond du cœur, ce qui n'est pas toujours en la puissance humaine. Le riche, plus favorisé, cache sa tristesse au fond de ses appartements.

André se préparait donc à aller reprendre son travail, et Marguerite, sentant grandir en elle, à son insu, le sentiment maternel exalté par l'absence de sa fille aînée, allait emmener avec elle ses deux autres enfants, quand un vieux domestique en livrée se présenta à la porte entr'ouverte.

Lollier et sa femme furent très-étonnés lorsque le domestique annonça avec un certain embarras qu'il venait donner à ces braves gens des nouvelles de leur fille, de la part de la marquise de Castelval.

—Nanette chez une marquise! pourquoi et comment ? dit Marguerite.

—Si vous ne l'avez pas su plus tôt, c'est ma faute, répondit le domestique. Ma maîtresse se trouvait en péril, j'ai oublié qu'une mère était ici dans les larmes, et que j'étais chargé hier de venir la rassurer.

Le vieux domestique raconta que la marquise de Castelval, âgée de plus de soixante ans, avait l'habitude de faire chaque matin dans sa chaise roulante une promenade dans le but de distribuer elle-même des aumônes aux malheureux qui habitaient les quartiers pauvres des quais et de la Cité.

La veille, la marquise était sortie, portée par deux valets de pied. Un embarras ayant arrêté sa chaise au détour d'une rue étroite, elle avait mis pied à terre, et, après avoir défendu qu'on la suivît, elle s'était aventurée dans un carrefour de la halle. A ce moment un troupeau de bœufs jeta l'épouvante dans la foule.

—Je connais cette histoire-là, dit André..., une grande dame tomba sur le pavé, elle manqua d'être écrasée par une des bêtes furieuses... Tout le monde, m'a-t-on assuré, courut à son secours...

—Tais-toi donc, notre homme, interrompit la marchande impatiente d'arriver à l'endroit du récit où il allait être enfin question de Nanette....

Le domestique continua :

—Oh! oui, tout le monde courut vers ma maîtresse, et au milieu de tous ces braves gens et de toutes ces braves femmes de la halle, il y eut une jeune fille encore plus intrépide que toutes les autres ; elle prit la marquise dans ses bras et elle la porta évanouie dans une boutique.

—Je parie que c'est notre Nanette ! s'écria Marguerite.

—Oui, c'était Mlle Nanette, une belle et jolie créature à qui le courage donnait la force d'un homme. Quelques moments après, les domestiques de Mme de Castelval, avertis de l'événement, arrivèrent. Ma maîtresse avait repris connaissance, elle pressait vivement les mains de votre Nanette; elle la pria de ne pas encore se séparer d'elle et de prendre place à son côté dans la chaise. Mlle Nanette, émue, se plaça près de la marquise et la chaise roula, pendant que les spectateurs applaudissaient en voyant côte à côte ces deux personnes que le bon Dieu avait créées à une si grande distance l'une de l'autre.

Quand la chaise arriva rue du Petit-Musc, à l'hôtel Castelval... j'étais sur la porte; un de mes camarades me dit : « Madame la marquise est blessée, » et j'entendis en même temps la voix affaiblie de ma maîtresse; elle m'appella, j'avançai et je compris à peine ces mots qui depuis me sont revenus en mémoire : « Jean, allez chez deux braves gens qu'on nomme Lollier, rue Sainte-Opportune, n° 3, au sixième....

—C'est bien ça, ajouta André, deux cent soixante-treize marches...

« Et dites-leur que leur fille est chez moi.... » J'ai répondu... dans mon trouble : « Oui, madame la marquise»; mais la peine que je ressentais de voir ma maîtresse pâle encore comme un fantôme a fait que...

—Compris, monsieur le valet-de-chambre, dit Marguerite...; vous nous avez oubliés, c'est bien excusable : nous avons passé une bien méchante nuit; mais vous voilà, nous avons retrouvé notre enfant... toutes nos misères sont tombées dans l'eau.

Deux mois se passèrent pendant lesquels Nanette resta chez la vénérable dame qui l'avait prise en affection. De temps en temps, la mère Lollier venait voir sa fille; elle refusait presque toujours de monter dans les appartements, prétextant qu'il lui était difficile de se tenir, sans perdre l'équilibre, sur les marqueteries du parquet. Nanette recevait avec joie sa mère dans les appartements du rez-de-chaussée. Une seule fois la mère Lollier s'était hasardée à monter en chancelant jusqu'à l'oratoire où Mlle de Castelval se livrait à des lectures pieuses. La protectrice de Nanette avait dit en reconduisant avec bonté la bouquetière : « J'ai des projets pour votre enfant, soyez tranquille, et laissez-moi encore pendant quelques jours vous remplacer près d'elle. »

A son retour à la halle, Marguerite répéta à son mari les paroles qu'elle avait entendues : aussi, l'un et l'autre furent peu surpris quand un matin ils reçurent une lettre, signée *marquise de Castelval*, qui les invitait à se trouver tous les deux au couvent des Carmélites du Marais, à une heure indiquée.

André et sa femme furent exacts au rendez-vous. On les introduisit dans un des parloirs où la supérieure recevait les parents des religieuses placées sous son autorité.

Une porte s'ouvrit, la marquise de Castelval parut accompagnée de Nanette. Elle fit un accueil cordial aux époux.

—Je vous ai promis de reconnaître comme il convient à mon cœur et à mon rang le dévouement dont Nanette m'a donné la preuve, dit la marquise. Je le fais en ce moment. J'ai conduit votre fille en ce lieu, en mettant à sa disposition une dot de vingt-cinq mille francs, si elle consent à se faire religieuse... Nanette, que je n'ai pas préparée à cette existence que tant de jeunes filles fortunées ambitionnent, restera libre tout à fait de donner ou de refuser son consentement à ce projet : je ne veux en rien la contraindre. Elle demeurera un mois dans cette retraite, et, ce mois écoulé, mère Marguerite et vous André, vous viendrez savoir quelle sera la résolution de votre enfant.

Le dernier jour du mois, les époux Lollier coururent au rendez-vous. Ils furent conduits par une sœur tourière au parloir, où Nanette les avait devancés. Le père et la mère de la jeune fille s'étaient consultés chemin faisant, et ils en étaient encore à savoir s'ils devaient se réjouir ou s'attrister de voir leur enfant accepter le voile; ils avaient conclu mentalement qu'ils se rangeraient au désir que manifesterait la pensionnaire des Carmélites.

Nanette regarda sa mère et André en souriant, et elle leur dit :

—Je suis enfant de la halle, et Dieu que j'ai prié ne me refusera pas sa grâce, en revenant dans le lieu où il m'a fait naître, où il m'a appris à vous aimer. Elle ajouta : Je serai bouquetière!

Alors, la supérieure du couvent se présenta, donna le baiser d'adieu à celle qui avait été son obéissante élève, et, ouvrant un petit bahut en bois de chêne sculpté, elle prit un portefeuille et dit en le présentant à Lollier :

—Voici la dot en billets de caisse que Mme la marquise de Castelval avait remise en dépôt entre mes mains ; je vous en fais restitution, Nanette : ici nous en aurions fait un saint usage si vous étiez restée parmi nous ; loin d'ici vous pouvez encore sanctifier cet or par le travail et l'aumône.

L'abbesse donna un second baiser à la jeune fille, et la porte du cloître s'ouvrit pour la rendre au monde et à sa famille.

—Me voilà riche et vous serez heureux, ma bonne mère et mon bon père...! Achetez tout ce que vous voudrez, dit Nanette quand elle eut revu le logis paternel; et comme personne ne répondait... Eh bien ! mon père, tu ne dis rien, tu ne veux rien...?

—J'accepte, j'accepte, repartit avec empressement André; je ne veux pas te faire de la peine, fille, tu m'achèteras un balai neuf... car le mien a vieilli dans ses fonctions, et les syndics de la corporation se font bien tirer l'oreille pour lui donner un successeur.

Le lendemain il fut convenu entre le père Lollier et sa femme que Nanette aurait seule l'administration de sa fortune. Nanette eut beau se récrier sur cette résolution, les parents furent inébranlables ; ils avaient tous deux de la force et de la santé, et ils voulaient que leur fille profitât de la fortune tout entière que la Providence lui avait miraculeusement envoyée. Seulement il fut permis à Nanette d'habiller de neuf, de la tête aux pieds, ses deux jeunes sœurs.

Nanette, que nous venons de voir au milieu de sa famille, au sixième étage, rue Sainte-Opportune, était, quelques années après, la plus élégante, et la mieux achalandée des bouquetières de Paris. Elle avait d'abord fait son entrée à la Halle, puis elle avait pris place dans le jardin du Palais-Royal, qui était alors le rendez-vous de la jeune noblesse et des gentilshommes de tous les âges.

Nanette aimait la parure, elle éclipsait toutes ses compagnes par son élégance et par sa distinction. La corbeille, ou plutôt la claie légère et arrondie qu'elle portait devant elle et qui servait à placer ses fleurs, était relevée de nœuds de rubans et de satin; des souliers de soie sur lesquels des fils d'or décrivaient de jolis dessins paraient son pied mignon; une pointe de riche dentelle, nouée délicatement sous le menton, laissait à découvert une partie des contours de la tête; ses robes, d'une simplicité extrême, reproduisaient, par leurs dessins d'un riche coloris, les fleurs les plus délicates dont la nature émaille les champs au printemps. Ces étoffes symboliques semblaient être créées tout exprès par les arts pour le costume de la bouquetière.

On parla de Nanette à Versailles. Il devint de mode de porter des bouquets qu'elle avait vendus, et que les gentilshommes envoyaient chercher par des coureurs.

Les princesses de Lorraine, de Rohan, de Bouillon, les dames de haute qualité acceptaient les œillets, les roses, les violettes, les pensées que la bouquetière leur offrait, et on apportait à Nanette, de la part de ces dames, des bijoux, des dentelles, des pièces d'étoffe et d'argenterie.

Au nombre des jeunes seigneurs que captiva Nanette, était un gentilhomme dont la modestie contrastait avec l'expression d'orgueil qui était le signe distinctif d'un grand nombre des promeneurs de ce jardin princier. Il était toujours dans le parc public avant l'arrivée de la bouquetière. Dès qu'elle paraissait, le jeune homme prenait un de ses bouquets, le payait douze sous, regardait Nanette, lui parlait à peine, puis s'éloignait jusqu'au lendemain.

Nanette ignorait le nom de ce seigneur; elle n'osait pas le demander. Enfin le hasard lui apprit que l'acheteur assidu de ses bouquets était le prince de Courtenay, un gentilhomme allié à la famille royale. Le roi qui l'aimait le cherchait vainement à la cour aux heures où le grand seigneur, indifférent à la faveur, venait offrir mentalement ses timides hommages à une reine qui n'avait de puissance que sur les fleurs.

M. de Courtenay était pauvre; l'état de sa fortune mettait obstacle à un mariage convenable qui devait lui offrir de grands avantages.

Nanette connut ces détails, et elle apprit aussi que M. de

Courtenay s'était déclaré son chevalier dans un salon où la médisance avait pris pour victime la bouquetière du Palais-Royal, et qu'il avait été au moment de se battre pour témoigner de l'estime et de la vénération qu'il professait pour celle qu'on cherchait à flétrir.

Cette noble conduite devait avoir sa récompense.

Un soir le prince de Courtenay trouva chez lui, en rentrant, une lettre dont l'écriture lui était inconnue; il en prit connaissance, et ne fut pas peu surpris d'apprendre qu'une vieille tante qu'il ne connaissait pas avait pour lui une affection de mère, et qu'elle lui offrait, par lettre, une pension de quatre mille francs tous les mois. M. de Courtenay ne pouvait croire à un rêve, car la réalité était appréciable : les fonds arrivèrent par une voie mystérieuse presque aussitôt que la dépêche.

Grâce à ce secours imprévu, et dont il remerciait du fond du cœur la bonne tante qui poussait la bizarrerie jusqu'à garder l'anonyme dans sa correspondance, le prince parut plus brillant que par le passé; il achetait des fleurs à Nanette et les payait au poids de l'or, sans se douter que cet or qu'il dépensait remontait comme le Nil à sa source, car la fausse tante n'était autre que la généreuse et discrète Nanette.

La bouquetière était en bon chemin d'œuvres de dévouement. Une occasion se présenta d'étendre encore le cercle de ses bienfaits au profit du neveu qui était vainement à la recherche de sa tante. Elle sut que M. de Courtenay persistait à refuser la main de Mlle de Crayon; la tante reprit encore une fois son rôle et sa plume. Elle ordonna, par lettre, à son neveu, de contracter ce mariage, et elle leva les obstacles et ses scrupules en lui faisant remettre le capital de la somme qu'elle avait offerte précédemment à titre de pension.

L'obligé ne put tenir à cette dernière preuve de bonté de sa mystérieuse parente. Il fit les efforts les plus soutenus et les plus opiniâtres pour découvrir ses traces... Enfin, le prince de Courtenay fut assez heureux pour avoir la preuve que la tante, sa providence, n'était autre que Nanette la bouquetière. Il crut pouvoir ne reconnaître tant de délicatesse et tant de dévouement que par l'offre de sa main, qui élevait Nanette au rang des plus hautes dames... Il fit à la bouquetière cette offre brillante par écrit. Il lui demanda de vouloir bien placer le lendemain, sous sa coiffure de dentelles, un bouquet de pensées si sa proposition était acceptée. Dans le cas contraire, Nanette lui apprendrait son refus en tenant les pensées à la main.

A l'heure indiquée le prince se rendit au jardin du Palais-Royal... Nanette portait le bouquet de pensées à la main. Le prince laissa tomber sur la bouquetière un regard de profonde tristesse... Il lui sembla que Nanette avait sur les traits une expression qui n'était pas celle du calme ; il se retira en s'inclinant sans proférer un mot.

Une lettre lui fut remise quelques heures après. Il reconnut l'écriture... Cette fois la missive était signée ; elle disait :

« Prince, l'amour vous aveugle, un mariage avec moi vous couvrirait de ridicule. Vous m'aimez trop pour que je vous refuse la marque la plus éclatante de ma tendresse : je renonce à vous. Quand vous recevrez ma lettre, la bouquetière Nanette aura quitté le monde pour toujours. Je laisse à mes parents la part de ma fortune que j'ai gagnée en vendant des fleurs. Quant aux sommes que vous avez reçues de votre tante, n'ayez aucun remords à cet égard, Nanette ne vous a transmis que la part des bienfaits qu'elle a reçus en plusieurs circonstances de votre vertueuse parente Mme de Castelval, dont vous serez un jour l'héritier. »

Nanette Lollier donna une portion de sa fortune au couvent des Carmélites du Marais, et elle vint redemander avec calme la cellule dont elle avait quelques années auparavant redouté le séjour.

LA SCABIEUSE

ou

LES PRISONNIERS DU TEMPLE.

Pendant une belle matinée d'été de l'année 1789, une foule nombreuse de paysans et de villageoises des environs de Versailles visitait avec curiosité et intérêt cette partie des jardins de Trianon qui, quelques années auparavant, avait été transformée par les ordres du roi Louis XVI en habitation rustique, ou plutôt en école pratique d'agriculture pour l'amusement et l'instruction du Dauphin.

Là se trouvaient réunis tous les instruments propres aux travaux des champs et des jardins ; on avait eu égard, bien entendu, à la faiblesse du royal élève. Toutes les espèces de culture dont les produits viennent en aide aux premiers besoins de l'homme étaient essayées, sous les yeux du jeune prince, par des professeurs en sabots. Près de la ferme en miniature s'élevait un atelier, où l'apprenti qui devait être roi s'exerçait dans ses moments de récréation aux travaux des arts utiles dont il devait avoir plus tard mission d'encourager le développement. Il y avait au sein de ce joli cottage agricole une boulangerie où les procédés de la panification étaient démontrés au Dauphin, et, un jour, il apporta tout joyeux à la reine un petit pain nommé *pain à la Marly*, dont il avait lui-même préparé la farine, et qu'il avait introduit et surveillé dans le four.

Le peuple aimait à visiter le champ de travail princier, dont l'entrée devenait libre aux heures où le Dauphin était occupé dans l'intérieur du château à recevoir des leçons de son gouverneur ou de ses maîtres.

Quelquefois, au moment où les curieux se pressaient autour du domaine agricole, une femme jeune encore, à la démarche majestueuse sans affectation, portant sur le bel ovale de sa figure allemande une expression de franchise qui inspirait à la fois la confiance et le respect, se dirigeait vers la petite métairie. La foule s'écartait respectueusement à son approche.

« C'est la reine! » se disait-on; et chacun, craignant qu'un regard indiscret ne fût importun à la princesse, admirait à la dérobée et de loin les contours de la taille élégante de celle-ci, l'éclat éblouissant de son teint, la nuance si pure de sa blonde chevelure, qui était devenue à la mode parmi les femmes de la cour et de la ville. Elles n'ambitionnaient qu'une couleur, la couleur des cheveux à la reine.

Cette reine était Marie-Antoinette, issue par l'empereur, son père, de vingt-six ducs de Lorraine; Marie-Antoinette, que Louis XV, parfait appréciateur de la beauté, avait nommée sa *belle belle-fille*, et que Marie-Thérèse d'Autriche, la mère de cette dernière, appelait *la plus belle perle de la cour*.

A l'époque où nous plaçons notre récit, Marie-Antoinette était depuis dix-neuf ans la compagne de Louis XVI. Deux enfants nés de ce chaste hymen partageaient sa tendresse maternelle : sa fille, à laquelle elle avait donné le nom de Marie-Thérèse, avait quatorze ans; Louis de France, le Dauphin, était entré dans la vie deux années après la jeune princesse.

Marie-Antoinette avait une prédilection marquée pour la petite métairie de Trianon, où son fils passait si utilement ses heures de loisir. Il semblait à la reine que, près de cette maisonnette éloignée du palais, elle voyait se réaliser le vœu que sa mère avait exprimé lorsque Marie-Antoinette, jeune fiancée du roi de France, quittait l'Allemagne, et faisait, quoique satisfaite, de tristes adieux à ses fleurs et à ses oiseaux[1].

« Antoinette, ma bien-aimée, avait dit Marie-Thérèse, si j'étais née simple bergère, je pourrais jouir du bonheur que ma tendresse méritait : je ne vous perdrais point de vue, je vous établirais près de moi. Mais assise sur un trône, et ne vivant que pour autrui, je suis réduite à m'imposer le plus terrible des sacrifices : je donne, je livre ma chère enfant, et je ne la reverrai de mes jours. »

Et du souvenir des derniers jours qu'elle passa dans son pays natal Marie-Antoinette revenait par la pensée aux premières heures où elle vit le beau pays sur lequel elle allait régner.

Elle se retraçait sa marche triomphante au milieu d'une population enthousiaste, la rapide conquête qu'elle fit de tous les cœurs, dans cette France où elle retrouvait au centuple ceux qu'elle avait laissés en Allemagne.

Elle se rappelait avec amour la réception que lui ménagèrent toutes les villes de France, les faits pleins d'intérêt qui marquèrent son passage, et ils étaient nombreux.

Les jeunes étudiants d'une ville de Champagne complimentèrent la fille de Marie-Thérèse en vers latins. Mais quelle fut leur surprise et celle des professeurs lorsqu'ils entendirent Marie-Antoinette répondre dans la même langue ces graves paroles : « Je réponds en latin pour me conformer à votre belle harangue, « dit-elle ; mais soyez sûrs que la langue française est aujourd'hui

[1] Marie-Antoinette était heureuse d'aller en France ; mais la pensée de sa mère, qu'elle ne devait plus revoir, la pensée de sa belle Allemagne, qu'elle devait quitter sans espoir de retour, assombrissaient son radieux visage ; dans son âme, le regret luttait avec le désir.

« celle qui plaît le plus à mon cœur, devenu français pour tou-
« jours.

Ailleurs un vieux curé à la tête de ses paroissiens s'approche de la voiture et commence un discours par ce texte emprunté au cantique des cantiques : *Pulchra et formosa* (belle et pleine de perfections). Il se trouvait au milieu du discours lorsque, répétant son texte à la manière des orateurs, il ose lever sur la princesse des yeux qu'il avait tenus baissés par respect. Aussitôt, à la vue de la beauté qu'il harangue, sa mémoire se perd, il balbutie, il s'arrête... Touchée de son embarras, Marie-Antoinette s'empresse d'accepter le bouquet qu'il tenait dans ses mains. Pénétré de cet acte de bonté, le curé, retrouvant sa présence d'esprit, reprit au même instant :

—Madame, ne soyez pas surprise de mon peu de mémoire; à votre aspect, Salomon lui-même eût oublié ce qu'il avait à dire, il eût oublié sa belle Égyptienne, et avec bien plus de raison il vous eût adressé ces mots : *Pulchra et formosa* (Belle et pleine de perfections).

—Je m'aperçois que nous sommes en France, répliqua la princesse, au milieu de ce beau pays où l'esprit est toujours au niveau du cœur.

Quelquefois, en voyant à Versailles l'empressement que le peuple mettait à se placer sur son passage, elle se rappelait encore cette phrase qu'elle avait dite avec bonheur : « *Qu'ai-je donc fait pour mériter tant d'amour !... Oh ! comme je vais, en rendant aux Français toute l'affection qu'ils me témoignent, m'efforcer de m'en montrer digne !*

Dix-neuf années s'étaient écoulées depuis que la fille de Marie-Thérèse d'Autriche avait prononcé ces mots, le jour où la bénédiction nuptiale lui assurait pour l'avenir un diadème qui devait se changer pour elle en une couronne d'épines.

Une année avant l'époque où se passèrent les événements suivants, et le jour de l'anniversaire de la naissance du Dauphin, Marie-Antoinette, fidèle à ses habitudes de promenade à Trianon, avait été attristée en remarquant que la journée, qui avait commencé sous l'éclat d'un ciel pur et joyeux, était menacée d'un changement de temps lorsqu'elle arriva au milieu de son cours.

La princesse subissait facilement l'impression des instincts superstitieux ; elle n'avait jamais pu oublier qu'à l'instant où elle s'était séparée de sa famille le ciel s'était voilé de nuages, et qu'au moment où ses lèvres donnèrent à Marie-Thérèse le baiser d'adieu la voix sourde de l'orage gronda au loin. Marie-Antoinette avait incéssamment aussi présent à la pensée qu'elle était née le jour du tremblement de terre de Lisbonne. Elle craignait que ces faits du passé ne fussent un mirage des événements qui devaient se produire pour elle dans l'avenir.

Une année donc s'était écoulée. Un nouvel anniversaire de la naissance du Dauphin était venu; mais ce n'était plus au milieu des fleurs de Trianon qu'il devait être fêté: le roi Louis XVI, la reine de France, madame Élisabeth, Louis de France, et Marie-Thérèse étaient devenus les hôtes de la vieille abbaye du Temple. La famille royale avait une prison pour demeure.

De nobles dévouements furent inspirés par cette grande infortune; le courage des amis du trône fut souvent intelligent pour servir la cause des captifs. A mille précautions qu'on employait, afin d'empêcher les nouvelles d'arriver du dehors aux oreilles du roi et de sa famille des serviteurs zélés opposaient mille ruses, grâce auxquelles la vérité perçait les murs de la prison.

Des messages, expédiés par des amis fidèles, parvenaient à Louis XVI, et il transmettait les réponses par des voies secrètes qui trompaient toute surveillance. Parmi les officiers municipaux qui affectaient le plus de sévérité, il s'en trouva plusieurs qui facilitèrent cette correspondance, en feignant une activité incessante pour la découvrir.

Un des préposés au service de la prison apportait chaque matin au captif une petite ration de lait d'amandes. Ce breuvage était contenu dans une vieille carafe que le bouchon, en disproportion avec le vase, ne fermait qu'imparfaitement. Le serviteur du roi, sous le prétexte de clore hermétiquement la carafe, mit autour du bouchon de verre des bandelettes de papier qu'il tourna plusieurs fois sur elles-mêmes. Quand le roi était seul il déroulait ces bandes superposées, et des caractères, tracés à l'aide d'une préparation chimique, paraissaient dès qu'ils étaient chauffés par la lumière d'une bougie ou d'une lampe. Le roi apprenait ainsi ce qui se passait dans la sphère orageuse des événements : puis le prince, ayant fait sa lecture, replaçait les bandes de papier autour de la carafe, et les mots adressés à celui qui l'avait servi, sur la bonne ou mauvaise qualité du breuvage, avaient une signification que le serviteur dévoué comprenait, et qu'il traduisait et communiquait à ceux dont il était l'agent; la pensée secrète dont on le faisait confident traversait ainsi l'enceinte du Temple.

Un jour, le cordonnier Simon, qui était devenu le gardien, presque le maître du Dauphin, et qui exerçait sur lui une autorité souvent brutale, prit plaisir à humilier le jeune prisonnier ; il lui proposa, comme moyen de distraction, d'apprendre à manier les outils au moyen desquels on prépare les ouvrages de cordonnerie.

Le Dauphin, au grand étonnement de Simon, accepta la proposition avec la joie que communique à un enfant l'offre d'un amusement nouveau, et il dit à haute voix à Cléry, le fidèle serviteur du roi :

« Mon cher Cléry, le citoyen Simon veut bien m'apprendre, pour mon plaisir, un métier utile; je désire que vous me procuriez les instruments nécessaires, sur les petites épargnes qu'on me permet de faire. Le citoyen Simon vous dira tout ce qu'il me faut pour monter mon atelier. »

Deux jours après, les outils fabriqués en petit arrivaient à la tour du Temple. Il y avait entre autres objets du matériel une de ces formes en bois, image du pied, sur laquelle les ouvriers confectionnent la chaussure. Un signe de Cléry fit comprendre à l'apprenti de Simon qu'il s'était servi de cet outillage pour introduire quelque nouvelle au sein de la prison. Dans un moment opportun, la forme de bois s'ouvrit en deux et, au fond d'une cavité habilement ménagée, les prisonniers trouvèrent quelques lignes écrites en langage de convention. Simon n'aurait pas pu les comprendre si par hasard le moyen inventé par Cléry eût été découvert.

Simon vit tant de bonne volonté dans le Dauphin pour apprendre le métier, qu'il renonça à son projet d'éducation, les instruments en fer furent écartés et la forme de bois fut brûlée, sans qu'on découvrît l'usage auquel elle avait servi.

Après la fatale et lugubre date du 21 janvier 1793, les amis de la monarchie voulurent arracher Marie-Antoinette à la captivité. Plusieurs projets d'évasion habilement conçus, et qui devaient être dirigés par des hommes hardis et intelligents, furent proposés et pénétrèrent au sein de la prison, cachés dans le calice cylindrique de la fleur que le grand Condé cultivait à Vincennes : douze œillets présentés isolément contenaient douze phrases écrites en chiffres dont l'illustre captive avait la clé.

Le projet établissait la possibilité de sauver la reine et de la conduire en sûreté hors de France.

Marie-Antoinette refusa la proposition ; elle ne voulut pas séparer son sort de la destinée de ses enfants, ni consentir à les laisser dans l'isolement de leur mère, exposés à payer le compte des représailles.

La reine fit savoir à ceux qui avaient conçu ce plan de départ qu'elle refuserait à l'avenir tout message mystérieux et symbolique qui n'aurait pas pour but unique de lui transmettre les expressions d'intérêt et d'affection qu'elle et ses enfants inspiraient aux amis de la monarchie.

« Ne parlez plus d'espérance, écrivait-elle au comte de B... D... C..., parlez-moi des amis qui nous restent encore et de ceux dont on nous sépare pour toujours[1]. »

[1] Allusion aux nombreuses exécutions à mort qui décimaient chaque jour la haute classe de la société française.

Les conseillers de la reine se conformèrent à sa volonté, et quelques-uns trouvèrent le moyen de lui faire parvenir l'expression de leur amour en prenant encore les fleurs pour interprètes.

La scabieuse, la fleur des veuves, fut une des plus fidèles et des plus exactes messagères qui visitèrent l'auguste captive.

Une pauvre et vieille femme, affectant un amour frénétique pour la révolution et ses œuvres, était la protégée de Simon ; il avait donné à cette créature une fonction dans la prison : elle veillait à l'entretien des lampes qui jour et nuit jetaient leur lueur blafarde dans les corridors.

Simon, lancé au milieu de ce drame dont il était un des hideux personnages, ignorait le rôle honorable que sa protégée remplissait.

L'allumeuse de quinquets avait éprouvé jadis les bontés de la reine, quand la fille de Marie-Thérèse aimait à cueillir les fleurs de Trianon ; elle la retrouva prisonnière au Temple, et elle fit venir pour elle les fleurs sous les verroux. Chaque jour de l'automne, la reine recevait, par le dévouement de cette femme, un petit bouquet de scabieuses dont la nuance variait à l'infini, sans perdre le cachet sévère et mélancolique qui est la qualité distinctive de cette plante expressive.

Les scabieuses du Temple avaient subi une modification dans leurs pétales. Une main patiente avait ajouté à leur tissu un détail qui ne se trouvait pas dans la fleur à l'état naturel.

Chaque pétale était percé à jour, d'un grand nombre de petits trous faits à l'aide d'une épingle à dentelle, et ces piqures avaient la signification d'une phrase ou d'un mot, suivant l'ordre qu'elles occupaient. Pour entendre leur langage, il suffisait de les compter dans un ordre établi et convenu. Cette correspondance était rédigée par une amie de la princesse que la proscription n'avait pas encore atteinte et qui chaque jour lui envoyait ce journal que l'allumeuse portait fidèlement.

La captive était parvenue à lire presque couramment ces missives périodiques ; un jour, elle trouva sur les pétales des scabieuses un chant qui lui était transmis, et qu'un fidèle compagnon du malheur avait composé en pensant aux beaux jours passés.

Dans cette pièce de vers, l'auteur avait substitué à sa pensée l'expression des sentiments qui avaient dû suivre, dans le triste séjour du Temple, le jeune captif naguère fermier du petit domaine-école de Trianon, et c'est dans le cœur et sur les lèvres du jeune prince que le correspondant avait mis l'expression suivante d'amour et de regret :

Trianon, séjour de plaisir,
Berceau de ma rêveuse enfance,
Te revoir est mon espérance.
Vivre loin de toi c'est mourir.
Des oiseaux le concert joyeux.
Se mêlait avec le langage
Des pauvres gens du voisinage,
Qu'un peu de bien rendait heureux.

J'élevais deux jolis ormeaux,
Et près d'eux, aux jours d'espérance,
Je rêvais que, vieux roi de France,
Je dormirais sous leurs rameaux.
Dans les plantes de mon jardin
Je cherchais un muet langage,
Dans toutes j'ai lu le présage
D'un ciel pur et d'un bleu destin.

Ces oracles étaient trompeurs,
Leur promesse était un vain songe.
Faut-il hélas que le mensonge
Se glisse même dans les fleurs !

Ces vers, écrits sur un air longtemps en vogue, qu'on avait chanté à la cour et à la ville, eurent pour interprète le clavecin de la reine prisonnière. Ils furent chantés à mi-voix par la famille captive, Simon en entendit les dernières mesures, et il n'eut pas le soupçon que ces vers eussent trompé sa consigne. Il les prit pour d'anciens souvenirs, ou, comme on disait alors, pour des ci-devant souvenirs.

Après les jours d'orage qui causèrent tant de maux au pays, le couvent du Temple cessa d'être une prison ; le culte de l'infortune cessa d'être un crime politique puni par les lois; quelque hommes eurent à cœur de recueillir les souvenirs matériels d naufrage de la royauté. Parmi les objets qui portaient avec eu l'histoire des douleurs passées, on retrouva un livre de prières qu avait appartenu à la reine Marie-Antoinette lors de son séjour a Temple; plusieurs scabieuses reposaient entre les feuillets. L'encr d'impression avait subi une altération, sa substance s'était infil- trée dans les piqûres d'aiguilles qui marquaient les pétales de fleurs et formait une foule de petits points couleur de rouille. U bibliographe homme de patience étudia ces signes et parvint à en connaître la mystérieuse signification. C'est ce travail qui nous a révélé notre chapitre de l'histoire de la scabieuse.

Louis Lassalle, del.

THÉRÈSE LA VIVANDIÈRE.

Paris. Imp. Godard, Q. des Augustins. 55.

Vers les derniers jours de l'année 1789, l'Assemblée Nationale, qui était la seconde période du gouvernement révolutionnaire en France, venait de confisquer les propriétés et les biens des églises; le moment où la fortune des classes élevées devait éprouver le même sort ne pouvait tarder à venir. Ce fut à cette époque qu'un soir, le comte de Cérigny, propriétaire d'un domaine patrimonial situé sur les limites forestières de la province du Vivarais, arriva dans la demeure de ses pères.

Après avoir annoncé qu'il repartirait au prochain point du jour, il avait ordonné qu'on le laissât seul avec Giraud, qui se décorait du titre d'intendant, mais qui, pour nous servir d'un terme en rapport avec ses modestes fonctions, était plutôt le régisseur du château et des dépendances.

Le comte dit à Giraud quelques mots des désordres qui

avaient eu lieu à Versailles, et le dialogue suivant s'engagea :

—Depuis quelques jours, continua le premier, les événements ont marché rapidement. Ce ne sera bientôt plus sur le sol du pays que la noblesse pourra prêter un appui efficace à la monarchie. Nos bras sont trop faibles, ils ont besoin de renforts; nos richesses seraient de puissants leviers de résistance, mais ces moyens redoutables, on les anéantira. Sous peu de jours, les palais des gentilshommes, les habitations des riches, les grands domaines héréditaires seront frappés par la confiscation.

—Ce château vous serait ravi? s'écria Giraud en fermant les poings avec rage.

—Oui, bientôt mes prévisions seront réalisées : nos biens deviendront la proie d'acquéreurs campagnards, de spéculateurs des villes. À cette mesure spoliatrice un seul moyen peut être opposé par celles des victimes qui auront pour administrer leurs propriétés un homme à l'abri des proscriptions à cause de l'humilité de sa position, et donnant, par ses antécédents de droiture, toute garantie à l'absent qui mettra sa confiance en lui.

Giraud releva la tête.

—A partir de ce jour, poursuivit le gentilhomme, le comte de Cérigny n'est plus propriétaire de ce domaine; il le cède, il le vend à Jean-Louis Giraud pour une somme de cinq cent mille livres.

—Cinq cent mille livres....? Et où voulez-vous, monsieur le comte, que je prenne cet argent? demanda Giraud, qui se méprenait sur les intentions du comte.

—Ne t'en inquiète pas..., je tiens la somme pour reçue.

Le comte tira de son portefeuille plusieurs titres nouvellement écrits et les présenta à Giraud en ajoutant :

—Il ne manque que ta signature; tout est en règle. Seulement, dans les vingt-quatre heures qui suivront la remise entre tes mains de l'acte que voici, tu feras donner à nos conventions un signe de notoriété légale, en présentant ce papier au bailliage de la contrée.

—Mais qui pourra croire, monsieur le comte, qu'un simple intendant...

—Tu es déjà riche, Giraud, des libéralités que ma femme et ma sœur t'ont faites à leur lit de mort, tout le monde sait cela. D'ailleurs, ne juge-t-on pas toujours les gens de ta profession plus opulents qu'ils ne le sont, et un temps prochain viendra où bien des intendants feront sérieusement, aux dépens de leurs maîtres, ce que nous réalisons ici entre nous fictivement; ceux-là n'auront de comptes à rendre à personne, quand des jours plus heureux renaîtront pour la France.

—Mais, monsieur le comte, comment vous rendrais-je les miens, si la mort venait à m'atteindre?....

—A Dieu ne plaise, mon cher Giraud, que cet événement arrive avant que des temps meilleurs ramènent les proscrits. J'ai prévu ta pensée et ton objection : Si l'homme n'était pas mortel et... si le nom de Cérigny devait disparaître avec moi, je me fusse, sans hésiter, contenté d'une parole de toi reçue sur le berceau de la gentille Cécile, ta fille et ma filleule. Mais nous ne sommes pas maîtres de la destinée. Au reste, il suffira que tu apposes ta signature à cet acte et tout sera parfaitement en règle.

Giraud regarda M. de Cérigny comme s'il eût voulu saisir sur ses lèvres et au passage un sens mystérieux dans ces dernières paroles. Giraud croyait son maître le dernier rejeton de la famille, et jamais jusqu'à ce jour il n'avait entendu dire qu'aucun autre portât le nom du comte.

Celui-ci ne donna aucune attention au mouvement de l'intendant. Il lui parla de diverses affaires qui détournèrent Giraud de sa préoccupation, lui recommanda particulièrement d'avoir les plus grands égards, les meilleurs procédés pour une dame étrangère d'un âge mûr et jouissant d'une honnête médiocrité. Cette dame était venue se fixer dans le bailliage, depuis quelques années et à peu près à l'époque où le comte revint d'un voyage assez prolongé qu'il fit dans le nord de l'Allemagne. Elle était connue dans la contrée sous le nom de Mme Albert.

Le lendemain M. de Cérigny avait quitté le pays.

Bientôt le bruit se répandit dans la contrée que le domaine de Courtieux était devenu la propriété de l'intendant Giraud, qui l'avait payé en beaux et bons deniers, fruits des profits récoltés dans son emploi. Chacun interpréta cette acquisition à sa manière, mais il ne vint à la pensée de personne de croire à un arrangement secret entre le maître et l'intendant.

Des années lugubres passèrent sur la France. Au milieu des ruines et des orages, quand les monuments religieux tombaient pêle-mêle avec les domaines seigneuriaux, il y eut aussi bouleversement dans l'ordre moral, fièvre dans les cerveaux, transformation dans les natures et dans les caractères. La peur ou l'entraînement pervertirent des êtres qui jusque-là avaient agi sous l'influence de bons instincts, et de ce nombre fut Giraud.

Possesseur des biens de son maître, il pouvait être menacé comme riche; il échappa à la spoliation en laissant soupçonner que le larcin avait fait sa richesse.

L'intendant oublia qu'il n'était que le dépositaire d'une fortune étrangère, et il chercha par tous les moyens possibles à conserver ce qu'il s'était accoutumé à regarder comme son bien.

Quelques années s'écoulèrent; la révolution, honteuse de ses haillons, chercha à parer sa forme; l'intendant fit comme la révolution : on le vit prendre les façons d'un bourgeois de campagne, bien tenu dans sa mise et recherché dans sa conversation. Quand, plus tard encore, les pouvoirs qui administraient voulurent ressusciter, par l'imitation, ce qui avait été anéanti et aboli, l'intendant se fit gentilhomme au moyen de quelques écus, et il transforma son nom de Giraud en celui de M. de La Giraudière. Lorsque ce changement dans la position sociale de l'intendant Giraud s'opéra, il y avait dix années que le comte de Cérigny avait quitté le château de Courtieux. Pendant ce laps de temps, des scènes d'intérieur, sur lesquelles nous devons porter notre attention, s'étaient passées au sein du domaine dont l'intendant était devenu possesseur.

Lors du départ de M. de Cérigny, Giraud était veuf depuis plusieurs mois; il avait une fille qui venait d'atteindre sa huitième année; jouissant de cette douce liberté des campagnes si profitable au développement physique des enfants, Cécile avait grandi rapidement, presque côte à côte avec une autre jeune fille, compagne de ses jeux, nommée Thérèse, et qui appartenait à une famille d'ouvriers vanniers habitant le voisinage.

Thérèse était d'une vivacité qui contrastait avec la nature calme et peu impressionnable de Cécile; elle choisissait de préférence tous les jeux bruyants, les exercices où l'agilité devenait nécessaire, et s'il arrivait qu'un dissentiment éclatât dans le choix des récréations entre les deux jeunes camarades, Cécile prenait son travail à l'aiguille et s'asseyait sur un tabouret ou sur un tertre de verdure, sans exprimer aucun déplaisir; Thérèse allait alors continuer avec un frère aîné, beaucoup plus âgé qu'elle et chéri avec toute la tendresse expansive de l'enfance, le jeu ou l'exercice suspendu.

Le lendemain, Cécile et Thérèse se retrouvaient avec un plaisir toujours plus vif, et, comme la veille, on commençait par s'entendre, on finissait par se brouiller pour se réconcilier plus tard. C'est ainsi que la vie de ces deux jolis êtres s'écoulait, pleine de joie et d'insouciance, dans une atmosphère d'orage dont ils ne sentaient ni le contact ni l'influence.

Thérèse, malgré la mobilité de ses goûts et l'espèce d'excitation naturelle qui la portait à changer à chaque instant de jouets et de moyens de distraction, se montrait cependant constante au plaisir de posséder une certaine fleur; elle n'apercevait jamais dans les bois des touffes épaisses de violettes sans éprouver un tressaillement spontané de satisfaction; quelquefois elle se traînait sur ses genoux au milieu des mousses et des lierres rampants de la forêt qui formait une demi-ceinture au domaine de Courtieux, et s'en allait, le nez au vent, aspirant le parfum, à la recherche ou, comme elle disait, à la chasse de la violette; puis, quand la jeune fille en découvrait, qu'elle respirait avidement leur odeur, elle éprouvait comme un besoin de sommeil doux qui souvent la faisait tomber assoupie sur ce joli lit de velours. Plus d'une fois la voix de Cécile inquiète vint la tirer de ce repos presque magique.

Thérèse se plaisait à renouveler cette singulière expérience devant tous ceux qui doutaient du fait. Dès que le résultat s'était accompli, qu'elle sentait le sommeil la gagner, elle se réveillait et disait en souriant d'un air mutin et en montrant les violettes : *Ma bonne fée ne m'endormira pas.*

Cécile, pour flatter le goût de Thérèse, avait obtenu de son père une grande et ronde plate-bande qui se roulait autour d'un vieil orme placé près d'un joli pavillon du château, et elle avait changé cette plate-bande en une épaisse pépinière de violettes qu'on appelait *le Champ de la Fée à Thérèse*.

L'année 1799, qui surprit les deux jeunes filles dans ces doux loisirs, devait briser leur naïf bonheur.

M. de La Giraudière aimait sa fille, il était fier de sa grâce enfantine; mais il se mit à penser que l'éducation qu'on avait méprisée naguères, et qui revenait à la mode, pourrait bien donner un relief de plus à celle qui devait être un jour son héritière. Il prit donc le parti de la placer dans une pension située aux environs de Puy-sur-Loire, et distante de quelques lieues du bailliage de Courtieux.

Le jour fatal du départ arriva bien vite; la séparation entre Cécile et Thérèse fut douloureuse, les pleurs coulèrent, et Mlle de La Giraudière fut enlevée par son père aux embrassements de la compagne de ses jeux.

En rentrant tout en larmes chez ses parents, Thérèse éprouva une douleur plus profonde et plus cruelle. Son frère était appelé sous les drapeaux. Une coalition venait d'être formée pour la seconde fois par quatre grandes puissances contre la France, et partout la réquisition faisait des recrues; elle ne ménageait ni l'extrême jeunesse, ni la faiblesse, ni l'inexpérience : tout le monde devenait soldat. Le nouveau milicien devait être rendu le lendemain au lieu de son incorporation. Il était résigné ; la tristesse de sa sœur ébranlait cependant son courage. La pauvre Thérèse lui demanda, pour dernière consolation, de l'accompagner jusqu'à la ville où il allait être fait soldat.

Le milicien et Thérèse partirent... Mais lorsqu'ils furent arrivés, quand la jeune fille comprit qu'il fallait se séparer de celui qui pouvait seul remplacer pour elle l'amie qu'elle avait perdue, des cris déchirants s'exhalèrent de sa poitrine... Puis tout à coup sa figure prit une expression de calme ; elle fixa les yeux avec fermeté sur le chef de la milice, et elle lui dit : « La patrie n'a demandé à notre pauvre famille qu'un de ses enfants, en voici deux. Je ne quitterai pas mon frère ; s'il est blessé, c'est moi qui le soignerai... S'il éprouve la faim, la soif... je veillerai pour que lui et ses camarades souffrent le moins possible des privations et des besoins... Emmenez-moi... emmenez-moi ! »

Et l'officier ayant prononcé à demi-voix le mot de vivandière, il sembla à Thérèse que Dieu venait d'avoir pitié d'elle. Elle répéta avec joie et orgueil le titre qui lui était offert ; il convenait à toute l'ambition de son cœur.

Le lendemain, Thérèse, revêtue d'un uniforme que la fantaisie avait à cette époque le droit d'arranger à sa guise et que le bon goût de la jeune fille rendit des plus coquets, marchait au pas derrière une compagnie de soldats improvisés, et, la tête levée, le regard fier, suivait la route qui conduit des rives de la Loire aux bords du Rhin.

La Giraudière ayant trouvé dans sa propriété un vide causé par l'absence de sa fille, avait songé à renouer des relations de voisinage avec la dame étrangère que le comte de Cérigny lui avait recommandée.

Cette dame, dont la modeste habitation était voisine de la terre de Courtieux, avait un neveu placé aussi dans un pensionnat. Il arriva que Cécile vint passer pendant plusieurs années chez son père le temps des vacances, aux époques mêmes où celles de Julien le ramenaient chez sa tante.

Quand Cécile rentra dans sa famille, elle retrouva Julien qui était devenu un charmant cavalier et un homme instruit. Ce dernier revit avec joie Cécile, la plus gracieuse et la plus modeste des jeunes filles qu'il eût encore rencontrées dans le monde où il faisait ses premiers pas.

Un jour Mme Albert, trouvant le père de Cécile plus communicatif que de coutume, parla longuement avec lui du bonheur que procure aux chefs de famille l'union bien assortie des enfants. Elle laissa entendre à l'homme riche que la science, l'ordre et les bonnes qualités sont aussi une fortune et que cette fortune a l'avantage de pouvoir braver les revers et les révolutions.

La Giraudière, voyant que Mme Albert se préparait à faire une proposition de mariage dont Cécile et Julien étaient l'objet, sentit fermenter en lui un orgueil qu'il se croyait bien en droit de ressentir. Il renversa d'un mot ironique toute l'espérance de Mme Albert : non-seulement Julien était pauvre, mais c'était presque un être mystérieux dont la famille, à l'exception d'une tante, était inconnue.

Mme Albert piquée fit comprendre à La Giraudière que s'il y avait dans la position de Julien des circonstances inconnues, il se trouvait peut-être dans celle du parvenu des faits qui n'étaient pas bons à connaître.

L'ancien régisseur et sa voisine rompirent ensemble, et à partir de ce jour Cécile et Julien furent privés du plaisir de se trouver l'un près de l'autre.

Cécile chercha un allégement à sa tristesse en rétablissant le petit parterre de Thérèse, à laquelle elle pensait toujours. La dernière fois que celle-ci avait écrit, elle était au moment d'entrer en campagne dans les pays qui sont au-delà du Rhin et où l'armée française livrait des combats nombreux.

Dans cette carrière périlleuse que l'affection fraternelle lui avait conseillé d'embrasser, Thérèse avait trouvé de nombreuses occasions de faire admirer son sang-froid et son dévouement sur les champs de bataille ; après s'être assurée que son frère n'était pas blessé, elle courait prodiguer ses soins aux soldats que le plomb ou le fer avait frappés.

Un jour, elle était restée en arrière dans un ravin profond, théâtre, quelques instants auparavant, d'une lutte sanglante... Elle entend comme un gémissement plaintif sortir d'un fourré épais ; elle approche, voit un vieillard portant l'uniforme d'officier autrichien. Quoique mutilé par la mitraille, le vieillard respire encore... C'est un Français qui, aveuglé par son dévouement à la royauté, a cherché, comme tant d'autres gentilshommes, à la relever en prenant du service à l'étranger... C'est le comte de Cérigny... Son regard s'affaiblit de plus en plus; il tente un dernier effort et parvient à tirer de sa poitrine un rouleau qu'il présente à Thérèse... puis il rend le dernier soupir.

Le soir, Thérèse avait rejoint le régiment et se trouvait assise, au bivouac, près de son frère. Ensemble ils dénouèrent le paquet confié à la vivandière. Il contenait plusieurs papiers non cachetés sur lesquels étaient ces mots : « *Pour Julien de Cérigny; pour Mme Albert, à Courtieux.* » La suscription de quelques-uns autorisait à les lire et les jeunes gens apprirent le secret suivant :

M. de Cérigny, veuf en 1783, avait pris l'engagement, par des scrupules de famille, de ne jamais se remarier. Dans un voyage qu'il fit en Italie, il rencontra une femme distinguée autant par ses charmes que par ses vertus ; il la désira pour compagne, et cette étrangère s'unit à lui au pied des autels, mais, par respect pour le serment de M. de Cérigny, elle consentit à laisser secret un tel lien jusqu'au jour où elle deviendrait mère.

La belle Italienne mit au monde un fils, et mourut en lui donnant la vie.

Le comte revint en France avec cet enfant; mais, tourmenté par la faute qu'il avait commise, il n'osa pas avouer aux siens l'existence du petit garçon ; il le confia à une honnête dame dont il avait pu apprécier les qualités de cœur et d'esprit. Les temps révolutionnaires étaient venus, le comte avait été obligé de fuir ; il avait remis à un temps prochain le soin de remplir ses devoirs envers un fils qu'il eût été dangereux de reconnaître comme enfant de gentilhomme au moment où ce titre était proscrit.

En vain, depuis dix ans, le comte avait cherché un moyen de faire parvenir les papiers dont il était porteur au jeune homme, le ciel n'avait satisfait ce vœu qu'au moment où la vie s'était retirée du banni.

Les journaux qui, en ce temps, comptaient avec empressement les vides survenus dans les rangs de l'émigration, ne manquèrent pas, aussitôt que l'événement fut connu, de publier la mort du comte de Cérigny ; mais personne ne fut instruit du dernier acte de sa vie. M. de La Giraudière apprit ainsi que son ancien maître avait cessé d'exister.

Un soir qu'il se trouvait assis avec sa fille près du grand chêne aux violettes, la cloche du château résonna et on vit paraître une jeune fille avec un costume à la fois bizarre et charmant. Cécile jeta un cri de joie et s'écria : C'est Thérèse !

Thérèse sauta au cou de Cécile sans se préoccuper de l'expression que prenait en ce moment la figure de M. de La Giraudière, qui trouvait cette façon de se présenter un peu cavalière. La vivandière s'inclina devant le maître de la propriété ; elle s'excusa avec un petit air dégagé de la liberté qu'elle avait prise de rendre visite à son amie d'enfance.

—Tu vas venir souper, dit, en sautant de joie, Cécile à Thérèse.

—Avant tout, répliqua celle-ci, j'ai une commission à remplir, et je tiens à le faire n'importe à quel prix. J'ai à parler à un monsieur Julien et à une certaine dame Albert... qui habitent le pays ; j'ai des nouvelles de l'armée à leur donner.

—Des nouvelles de l'armée à M. Julien? demanda Cécile étonnée.

—Oui, à M. Julien. Je me rends auprès d'eux ; mais je reviendrai.

Le lecteur sait ce qui va se passer chez Mme Albert. Julien connaît le secret de sa naissance, il a le soupçon que M. de La

Giraudière n'est pas le légitime propriétaire du domaine voisin; cependant l'affection pure que Julien ressent pour Cécile ne lui permet pas de creuser ce secret. Mme Albert n'aurait pas le même scrupule, mais aucune preuve n'existe à l'appui de ses soupçons.

L'arrivée de Thérèse doit changer la situation.

La vivandière tire d'une sorte de pochette en cuir qui fait sa ceinture les papiers qu'elle a reçus du comte mourant. Elle raconte comment elle en est dépositaire. La joie rentre dans le cœur de Mme Albert, Julien rêve l'espérance. Mais maintenant que Thérèse a un secret de plus, et qu'elle sait que la pensée du fils du comte de Cérigny est d'obtenir la main de Cécile, elle veut elle-même préparer pour lui ce bonheur... C'est elle qui fera la démarche le lendemain près de M. de La Giraudière; elle aura sur elle, en réserve, les titres, et elle n'en fera usage qu'au besoin.

On est d'accord. Thérèse replace les papiers dans la pochette de cuir et se retire bénie par Julien et par celle qui a servi de mère au jeune homme.

Thérèse est revenue près de son amie; on fait un petit souper joyeux; la vivandière raconte ses campagnes à Cécile... Cécile soupire et parle de ses tristesses à Thérèse, qui en sait plus long à ce sujet que ne lui en dit celle dont elle est la demi-confidente.

L'heure du repos est venue. Thérèse est conduite dans le joli pavillon qui domine le champ des violettes; les deux amies se séparent... La nuit est belle et tiède; Thérèse, appuyée sur la balustrade du petit balcon qui avance au-dessus du parterre, se prend à penser à la mission qu'elle doit remplir le lendemain... Elle place sur un petit meuble le portefeuille mystérieux, puis elle revient au balcon; elle se penche vers la pelouse aux belles fleurs de velours qui lui envoient leur parfum; elle reste un moment comme sous la puissance d'un charme qui lui laisse le mouvement en lui ôtant la pensée : c'est l'émanation de la fleur qui agit sur le cerveau impressionnable de la vivandière; elle fait plusieurs pas dans la chambre, elle saisit instinctivement, mécaniquement, sans se rendre raison de ce qu'elle fait, le portefeuille du comte de Cérigny... elle avance vers la porte, l'ouvre, franchit deux degrés qui conduisent au jardin, puis elle se baisse vers les fleurs, s'agenouille, ouvre les bras comme si elle voulait étreindre dans un baiser ces hautes touffes dont le parfum l'enivre, et avant de reprendre l'intelligence, n'emportant que la sensation, elle rentre, repousse la porte entr'ouverte, se laisse tomber mollement sur un lit de repos, et s'endort...

—Thérèse! Thérèse! réveille-toi donc! s'écrie une fraîche voix de jeune fille: c'est Cécile qui, lorsque le grand jour a paru, appelle son amie.

Thérèse semble sortir d'un rêve agité. Bientôt elle est sur pied et elle pense à remplir la tâche qu'elle a acceptée. Le hasard la sert à merveille : Cécile est occupée avec les serviteurs du logis dont elle dirige le travail, et M. de La Giraudière, qui semble s'être levé par extraordinaire de bonne humeur, s'avance vers le pavillon en souriant à la cantinière.

—Excusez-moi, monsieur, dit Thérèse, si je ne suis pas venue la première au-devant de vous ; j'aurais dû le faire, d'abord parce que je vous dois le respect, et ensuite parce que j'ai une longue conversation à tenir avec vous.

—Et sur quel sujet, mon enfant ?

—Sur un sujet bien grave, bien important.

M. de La Giraudière avait franchi le seuil de la porte du pavillon, et il s'était assis. Thérèse se tenait debout devant lui.

—Je t'écoute, fit-il quand il fut posé d'aplomb sur un fauteuil.

—Depuis que j'ai quitté le pays où je ne pouvais plus vivre sans Cécile et sans mon frère, continua Thérèse, il ne s'est pas écoulé un jour, une heure, au bivouac, sur le champ de bataille ou ailleurs, sans que ma pensée se soit mise en route pour venir en ligne droite à Courtieux.

—C'est bien, ça, mon enfant.

—Ma pensée venait ici gaîment, mais elle s'en retournait et me revenait triste... Il me semblait que la pauvre Cécile ne riait dans le pays que du bout des lèvres...

La Giraudière fit un geste de mécontentement.

—Ah ! tu sais que Cécile n'est pas toujours dans les accès d'une joie folle... Il paraît que les correspondances et les signaux étaient établis de mon château à ton bivouac... Et que fallait-il faire, selon toi, pour rendre Cécile plus enjouée? demanda l'intendant d'un ton railleur.

L'ambassadrice de Mme Albert comprit que la position était menacée ; elle précipita le mouvement, comme on dit en langage militaire, et poussant avec le pied la porte qui était restée entr'ouverte, elle se plaça devant son interlocuteur, dont le mécontentement était visible, puis elle lui fit une décharge d'arguments à brûle-pourpoint : elle démontra que Cécile, qui était digne de Julien, devait trouver naturellement le bon Julien digne d'elle. Mme Albert donnait son consentement à cette union : donc M. de La Giraudière ne pouvait refuser le sien. Cécile était riche, mais rien n'empêchait que Julien le devînt, et il faut, ajouta-t-elle...

—Il faut te taire ! s'écria La Giraudière hors de lui-même, Sais-tu que je n'aime pas les conseils ?

—Vous n'êtes pas comme mon capitaine, car il écoute quelquefois mes avis, et plus d'une fois il s'en est trouvé bien. Croyez-moi, monsieur de La Giraudière, accueillez Julien..., ne froissez pas ce pauvre jeune homme.

—Et pourquoi cela ?

—Parce qu'il faut être bon, compatissant, serviable ; c'est le moyen d'empêcher quelquefois les souvenirs de se réveiller brusquement. Si, par exemple, M. Julien, qui a été conduit bien jeune dans ce pays, se mettait à chercher les traces de son arrivée, et s'il allait découvrir qu'au lieu d'être né, ainsi qu'il le croit, dans une simple maisonnette des environs, il a eu son berceau au sein d'une riche demeure, dont il aurait été mystérieusement écarté, une riche demeure, comme qui dirait le domaine de Courtieux...

— Cette jeune fille est folle ! interrompit brusquement La Giraudière.

Thérèse ajouta : Si M. Julien s'avisait de soupçonner que celui qui possède aujourd'hui son patrimoine le tient seulement à titre de dépôt qu'il faudra restituer...

— Cette fable serait heureuse pour M. Julien si, en convoitant le riche domaine, il se trouvait possesseur de titres qui justifieraient ses prétentions...

—Eh bien, monsieur de La Giraudière, dit Thérèse élevant la voix, Julien les a, ces titres... ces preuves...

—De quels titres, de quelles preuves parlez-vous? folle que vous êtes ! Ne s'agit-il pas ici d'un conte bleu, d'une histoire de féerie que vous faites je ne sais à quel propos... et dans quel but?

—Dans le but de reprendre à celui qui la possède sans droit une fortune qui appartient à M. Julien comme fils de M. le comte de Cérigny... Ces titres, ils sont là, monsieur de La Giraudière!

La vivandière frappait sur son ceinturon de cuir.

La Giraudière était resté stupéfait, ne sachant ce qu'il devait penser de ces paroles étranges.

Tout à coup Thérèse pousse un cri perçant... Elle s'est aperçue que les papiers que contenait sa ceinture ne sont plus sur elle. Elle regarde de tous côtés, elle fouille chaque partie de son vêtement, elle ne découvre rien, elle est atterrée... La Giraudière croit qu'il est dupe d'un complot dont sa perspicacité ne découvrait pas au premier aperçu tous les fils.

Mais quand il vit entrer par la grille qui faisait face au pavillon Mme Albert et Julien, il ne put contenir sa violence. Il ne douta plus qu'il n'eût été choisi pour but des attaques intéressées de cette famille. Il sortit du pavillon, il accueillit les nouveaux venus le sarcasme aux lèvres; il appela Thérèse, il la somma de montrer ces titres dont un moment auparavant elle le menaçait... Thérèse parut sur le seuil de la porte; son regard se porta sur Mme Albert et sur Julien et sembla dire : Tout est perdu !

Une crise nerveuse saisit la malheureuse Thérèse quand elle entendit dire à M. de La Giraudière qu'il allait la faire chasser par ses valets. Julien et Mme Albert s'éloignèrent. Thérèse demeura livrée aux soins de Cécile.

Cécile obtint de son père que la vivandière resterait au château jusqu'à ce qu'elle eût repris ses sens.

L'ancien intendant n'était pas sans une certaine inquiétude vague sur ce qui venait de se passer. Parmi les phrases prononcées par Thérèse, quelques-unes l'inquiétaient : il ne pouvait comprendre comment leur sens se trouvait d'accord avec les événements passés.

D'un autre côté, Julien et Mme Albert crurent qu'ils avaient été dupes de Thérèse, qui avait voulu exploiter à son profit une fausse accusation contre la probité de l'ancien intendant. Ils se décidèrent à lui donner à ce sujet une explication franche, et ils se rendirent près de lui.

Cécile était restée aux côtés de Thérèse. L'état de la vivandière ne permettait pas que son ancienne compagne lui demandât l'explication de la scène étrange qui venait de se passer. Cécile était tout absorbée par les soins qu'elle donnait à la pauvre fille.

Thérèse éprouva un moment de calme. Cécile en profita pour la placer dans une position propice au repos. Le sommeil gagna les paupières de la cantinière; puis, le même fait de somnambulisme qui s'était produit la nuit précédente se renouvela : Thérèse, sans avoir le sentiment de son action, se leva, se dirigea vers le champ de violettes où elle s'était agenouillée la veille; là elle fléchit le genou, étendit la main dans la direction qu'elle avait prise naguère, et elle saisit un objet dont le contact fit impression sur ses organes engourdis... elle poussa un cri : le réveil fut instantané, et elle apparut étonnée et inquiète, debout au milieu du parterre, tenant à la main le portefeuille qu'elle avait, sans le savoir, caché sous des touffes de plantes.

A ce moment, M. de La Giraudière reconduisait Mme Albert et Julien, avec lesquels il s'était réconcilié. Il aperçoit Thérèse; un pressentiment lui dit qu'elle porte le signe de la défaite qui va le frapper.

Thérèse a vu le mouvement de La Giraudière ; elle place le portefeuille dans la ceinture de son uniforme ; elle s'approche et dit d'une voix émue :

—Monsieur de La Giraudière, je viens vous demander la main de Cécile pour Julien de Cérigny... Il est pauvre...

—Cessez, Thérèse, répond La Giraudière, d'employer ces moyens détournés pour aller au but où je veux venir, non par la crainte, mais par le conseil de ma conscience. Julien de Cérigny est riche, je restitue au fils ce que le père m'avait confié, et je confesse à haute voix que j'allais peut-être, par orgueil et par cupidité, faire abus de cette marque de confiance. Le repentir m'est venu.

Julien s'avança alors rapidement vers La Giraudière et lui dit :

—Vous avez, par vos soins, doublé la valeur de cet héritage. La moitié seule m'en revient, et je l'accepte à la condition que nous regarderons les deux parts comme un domaine de famille.

Quelques jours après, le contrat de mariage de Julien et de Cécile fut dressé ; quand le notaire mêla aux formules d'usage le nom de Cécile de La Giraudière, l'ancien régisseur se mit à sourire et dit : « Écrivez simplement : Cécile Giraud ; c'est plus court. » Jamais, depuis, Giraud ne prit un autre nom que celui qu'il portait le jour où M. de Cérigny le fit propriétaire du domaine de Courtieux.

Le frère de Thérèse, de retour dans sa famille, fut invité aux noces de Cécile. La jeune cantinière voulut y paraître avec le costume de ses fonctions ; mais, pour cette fois, elle déposa le bonnet militaire et elle se coiffa d'une guirlande de violettes, qui rappelait à chacun le rôle que cette fleur avait joué dans ce drame de famille.

CLÉMENCE ISAURE.

Les accords d'un luth se firent entendre, indécis et timides d'abord comme un signal, puis plaintifs et suaves comme une prière.

Des deux aimables dames qui, dans la plus jolie chambre d'une tourelle, devisaient sur les charmantes lois d'*amors* (amours), l'une porta involontairement la main à son cœur et l'autre prêta l'oreille en souriant.

La première était presque encore un enfant, la seconde avait atteint cet âge qui est à l'existence d'une femme ce que la floraison est à la vie des fleurs : l'épanouissement de la beauté, du cœur et de l'esprit.

—C'est lui, n'est-il point vrai, Hameline? dit simplement celle-ci lorsque le luth se tut.

—Oh! mon amie, répondit la jeune fille, vous avez donc deviné...

—Voir n'est pas deviner, chère enfant; or, j'ai vu tes joues devenir aussi brillantes que deux grenades, et les battements de ton sein repousser ta main tremblante.

—Que je suis confuse!

—Confuse? Je ne pense pas qu'Hameline ait oublié qu'elle était fille du baron Bertrand d'Aurignac.

—Non, non, et cependant...

—Tu aimes un disciple du gai savoir, un pauvre troubadour peut-être.

—Pauvre, oui, mais plutôt un maître qu'un simple disciple dans la science poétique.

—Hélas! à qui as-tu donné ton cœur, infortunée petite baronne! Le rossignol entre-t-il dans la noble lignée des faucons?

—Vous nous protégerez, chère madame Isaure, car jamais ne vit-on plus gentil et plus loyal soupirant.

—Loyal et gentil amoureux, maître en poésie même si tu veux, sont des qualités qui ne suffiront point pour fixer le choix du baron d'Aurignac sur ton doux ami, quand il sera question de te donner un époux.

La dame cédant alors à un mouvement de curiosité s'approcha d'une fenêtre oblongue, puis entr'ouvrit le vantail aux châssis de plomb, aux vitraux coloriés, afin d'apercevoir, s'il se pouvait, le joueur de luth.

Presque aussitôt une rose sauvage tomba aux pieds de l'imprudente.

—Ah! reprit madame Isaure en s'éloignant vivement de la fenêtre, j'ai commis une faute dont te voilà responsable, Hameline. Qu'allons-nous faire de cette fleur?

—Mais puisque le mal est irréparable...

—Je n'ai pas dit cela. Garder un pareil message serait trop dangereux.

—Le renvoyer me paraît bien...

—Cruel!

—Je crois fort que oui.

—Eh bien! comme seule je suis coupable, j'aurai seule aussi le courage de commettre un acte de cruauté nécessaire.

La jeune baronne joignit les mains, et, avant qu'Isaure eût eu le temps d'accomplir son barbare dessein, le luth préluda harmonieusement à un chant dont malheureusement notre traduction ne peut reproduire ni la douceur ni l'originalité. Voici ce que murmura la voix la plus tendre et la plus agréable :

Laisse-moi d'une fleur
Embellir ton parterre;
Enfant, c'est une sœur
Comme moi solitaire :
Un rayon de soleil
Hier la fit éclore;
Son beau manteau vermeil
Est un don de l'aurore;
Les baisers du printemps
L'ont ainsi parfumée.
Aux fleurs l'amour donne *l'encens :*
Comme la rose sois aimée!

La brise avait depuis longtemps emporté les notes finales du chant, les derniers soupirs de l'instrument, que les deux femmes écoutaient encore cette musique, ce tendre langage qui se prolongeaient en échos dans le cœur d'Hameline et avaient peut-être éveillé un souvenir dans l'âme de madame Isaure. Quoi qu'il en fût, la dernière tenait toujours à la main la rose de l'audacieux mais si galant troubadour.

—Ah! reprit-elle, pourquoi les éperons de chevalier ne se gagnent-ils pas à bien dire ainsi qu'à bien faire? Le noble savoir ne devrait-il point anoblir de même que les vaillantises et beaux coups de lance ?

—Il y aurait grande justice à cela, car alors je pourrais épouser le tant pitoyable Reymond.

— C'est donc Reymond qu'il se nomme, et... tu le sais?

Hameline rougit et, comme si elle eût commis une faute impardonnable, elle ajouta d'une voix troublée :

—J'ai cru entendre, lorsqu'il chantait, et en dépit de ce que je faisais pour ne point écouter, je vous assure, qu'il unissait souvent dans ses plaintes le nom de Reymond au mien, et...

— D'une telle union tu as estimé que ton gentil poursuivant s'appelait ainsi.

— Pensez-vous que je me sois trompée?

— Nenni, vraiment, et plût au ciel qu'à la suite de cet humble nom tu aies entendu celui de la moindre seigneurie.

— Oh! chère madame, vous qui êtes si puissante par la beauté, la richesse, l'esprit et la bonté, n'étendrez-vous point votre protection sur les gais compagnons qui possèdent une science dont vous êtes si fort l'amie qu'en guise d'or vous avez toujours dans votre *aumônière* quelques-unes de leurs œuvres.

— Oui, oui, j'aime les chants de ces pauvres ménestrels qui ont l'âme sur les lèvres et la voix dans le cœur, et je montrerai bientôt que mon affection n'est point faible ni stérile.

— Ne sera-ce point, mon amie, avant que j'aie épousé le comte de Bouloigne, que je déteste, et auquel ma main a été promise par mon père.

— Allons, j'essaierai de mettre à exécution mon projet assez à temps pour empêcher, s'il est possible, ce malheur d'arriver. Cependant, chère petite baronne, ne te livre pas à de trop folles espérances, je n'ai guère à offrir aux plus habiles de mes protégés qu'un peu de renommée, et le nom de Reymond, pour être plus célèbre, n'en sera pas moins court.

Hameline baissa tristement la tête.

Isaure embrassa la jeune fille et elle ajouta :

— Adieu, ma jolie châtelaine, je vais prendre congé du baron.

— Vous quittez le château ce soir? mais il fait nuit déjà !

— J'aurai pour m'éclairer le soleil des poëtes, qui commence à se montrer derrière les grands arbres du bois; ma litière doit être préparée depuis longtemps, et l'étoile du soir ne brillera pas encore de tout son éclat que j'arriverai sous les murs de Toulouse.

— Agissez suivant vos volontés, mon amie, mais pensez souvent que vous m'avez laissée tout éplorée.

Les deux femmes échangèrent de nouvelles caresses. Au moment où elles étaient sur le point de se séparer, Hameline remarqua, non-sans une certaine surprise mêlée d'inquiétude, qu'Isaure, par distraction sans doute, s'était attaché à la ceinture la rose de Reymond.

— Ah mon Dieu! dit la jeune baronne en essayant de dissimuler sa véritable pensée, nous avons oublié de prendre un parti touchant la fleur dont nous a fait hommage le hardi ménestrel.

— Tu as raison... Veux-tu me donner cette rose? car elle appartient à toi seule.

— Vous la donner!... mais pour quel motif souhaitez-vous l'emporter, chère madame?

— Afin de la rendre à Reymond.

— Oh! maintenant, il s'est éloigné!

— Aussi n'est-ce point en ce lieu qu'elle lui reviendra.

— Hélas, dans quelque endroit que ce soit, il n'en sera pas moins attristé!

— Même si cet endroit s'appelle le *Capitole*; et si, alors, de cette plante fragile j'ai fait un talisman qui pourra ouvrir peut-être à ton doux ami les portes du manoir d'Aurignac?

— Le Capitole! un talisman! apprenez-moi...

— J'ai trop parlé déjà. Garde-toi de prendre un rêve sans doute pour la réalité. Adieu.

Isaure disparut rapidement.

La demoiselle s'inclina sur un prie-Dieu en murmurant :

« Notre-Dame, si ce n'est qu'un rêve, accordez-moi la grâce de ne me plus éveiller! »

Quelque vague et incertain que fût l'espoir d'Hameline, il lui donna cependant assez de force pour supplier le baron d'Aurignac de ne point presser l'union qu'elle redoutait, et assez de courage pour accueillir presque dédaigneusement les soins du comte de Bouloigne.

Homme de guerre, dur, altier, brutal, le comte considérait en toutes choses la fin beaucoup plus que les moyens, et s'occupait très-peu de mettre ses désirs en harmonie avec la délicatesse.

Les mépris de la jeune fille parurent le toucher assez sensiblement ; sans doute ils blessaient l'orgueil du sire de Bouloigne.

— Hameline, dit-il un jour à sa fiancée, vos rigueurs envers moi sont étranges ; vous oubliez que je dois être votre époux.

— Mes rigueurs naissent au contraire du souvenir que j'en garde, seigneur comte.

— Oui ! rien n'est assurément plus visible, tant vous prenez peu souci de dissimuler. Mais par les griffes de messire Satan, votre cœur m'appartiendra... dussé-je exterminer de ma bonne épée tous les racleurs de luth qui sont sur la terre !

— Pourquoi cette menace? demanda Hameline, qui ne put cacher une vive émotion.

— Pour vous avertir, belle damoiselle, qu'il y a danger mortel à venir au pied du donjon que vous habitez soupirer de tendres *lais.*

— Ah ! sire comte, les stances de quelque innocent enfant peuvent-elles à un tel point exciter votre colère ?

— Ces stances, Hameline, vous ont causé un doux émoi. Vous leur prêtez une oreille sensible, car chaque jour, depuis que j'attends en vain le moment de punir l'insolent ménestrel, j'ai vu votre fenêtre qui n'était point close. Oserez-vous nier cela?

Indignée de l'injurieuse inquisition dont le comte avait laissé, dans son emportement, échapper l'aveu, la fille du baron d'Aurignac jeta en arrière sa jolie tête avec un mouvement plein de majesté, puis répondit d'une voix noble et calme :

— Comte, je ne suis présentement justiciable que devant Dieu de mes sentiments ; pour ce qui est de mes actes, je relève seulement du baron d'Aurignac, mon père! Vous me reprochiez tout à l'heure de ne point me rappeler que je suis destinée à devenir votre femme ; selon mon jugement, vous oubliez bien davantage que vous n'êtes point encore mon époux. Vous vous plaignez de mes rigueurs et vous ne craignez pas de mériter ma haine !

Malgré l'épaisseur de son bon sens, le sire de Bouloigne comprit que le cœur d'une femme, cette citadelle fermée par des portes de diamant quand elles ne sont pas de verre, ne se prenait point à coups de rapière. Notre farouche personnage adopta donc à regret le parti d'employer des armes plus courtoises que les menaces et les reproches.

—Rassurez-vous, tendre damoiselle, reprit-il, je ne toucherai ni du bec ni de l'ongle à vos tant aimés musiciens, et puisque le beau dire vous paraît une agréable chose, je veux m'accoutumer à parler en langue poétique des peines que me cause mon amoureux martyre et votre impitoyable cruauté.

—Vous, comte, parler la langue céleste des trouvères!

—Bien certainement et mieux que le plus festoyé ménestrel.

Hameline, avec cette heureuse légèreté d'esprit qui est un privilége de la jeunesse, passa tout à coup du dépit à la gaîté. Ses lèvres mutines donnèrent librement passage à un long éclat de rire et elle ajouta :

—Si vous faites cela, messire, ah! ah! ah! je vous tiens digne d'être aimé.

—Sur notre Dieu qui est au ciel me le promettez-vous, Hameline?

—J'y engage ma foi et mon salut. A quel jour la lutte et en quel champ-closvoulez-vous combattre?

—Aucun jour ne me paraît aussi favorable que celui de la fête des fleurs et nul théâtre préférable au Capitole.

—Ne savez-vous point, seigneur comte, que depuis les calamités qui ont frappé la bonne ville de Toulouse [1], le collége du gai savoir a fermé ses portes et que la charmante fête dont vous parlez ne se célèbre plus?

—Oh! cette année, plus heureuse que les précédentes, verra de nouveau les élégants diseurs se disputer comme *joies* (prix) non-seulement l'ancienne violette d'or, mais aussi d'autres fleurs, telles que : amarante d'or, lis d'argent et églantine précieuse. Une noble personne que fort bien vous connaissez, madame

[1] Peste qui en 1480 exerça de grands ravages à Toulouse; des dissensions civiles y éclatèrent aussi vers la même époque.

Isaure, vient d'employer une partie de sa richesse pour faire renaître avec une grande gloire les jeux de la parole.

—Vous m'instruisez là de ce que j'ignorais.

Hameline, dans l'esprit de laquelle les demi-confidences d'Isaure avaient éveillé un vague espoir, se hâta de congédier le comte, afin de chercher tout à l'aise comment la résurrection de la fête des fleurs pouvait être avantageuse à l'amour de Reymond.

On était arrivé à la veille du jour où, grâce aux libéralités de Clémence Isaure, une ère nouvelle allait commencer à Toulouse pour ces tournois poétiques qui se sont perpétués sous le nom de *Jeux floraux*, et datent du treizième siècle.

Le comte de Bouloigne, cet épervier aux ongles aigus, lui dont la voix ressemblait à un cri de guerre continuel, avait maintenu son défi et attendait avec un air de dédain qui épouvantait Hameline le moment d'entrer comme chanteur en lice contre de mélodieux rossignols.

Un peu avant le soir, le comte s'enveloppa d'un manteau, mit une toque dépouillée de tout ornement et sortit par une porte dérobée.

Une demi-heure plus tard, il entrait dans la modeste demeure de Reymond.

—Tu n'es pas riche, dit-il brusquement au ménestrel.

—J'ai un luth qui, à la table hospitalière et sous le toit où l'on m'offre un abri, paie mon écot, lorsque je n'ai ni feu ni lieu : je ne suis point pauvre.

—Ta vie est errante et incertaine : ne te trouves-tu pas à plaindre?

—Libre comme l'oiseau, je suis gai comme lui.

—Mais il sait du moins construire à sa compagne un lit de mousse.

Reymond répondit tristement :

—Je n'ai pas de compagne.

—Un jour tu te lasseras de l'isolement et alors tu gémiras de ne pouvoir offrir un asile à la femme aimée. En est-il une qui consentirait à partager ton existence vagabonde?

Deux grosses larmes roulèrent dans les yeux du ménestrel. Le comte de Bouloigne souriait, car il voyait que le coup dirigé au hasard avait touché juste.

—Vous avez raison, messire, reprit Reymond, je suis bien pauvre et la pauvreté est une chose douloureuse.

—Console-toi : je puis et je veux faire ta fortune.

Le seigneur jeta sur une petite table aux pieds tordus une lourde chaîne d'or, puis il ajouta :

—Ce collier pèse plus d'un marc [1]; il est à toi, si tu consens à m'accorder ce que je désire.

—Qu'avez-vous à me demander ?

—Ton plus beau chant.

—Mon plus beau chant! Mais c'est celui que je dois réciter demain au Capitole.

—Voilà, en effet, le poëme que j'ai résolu de t'acheter, et il m'appartiendra comme... si j'en étais l'auteur.

Reymond repoussa le collier.

—Je ne sais, répliqua-t-il, qui vous êtes, messire, un haut capitaine, peut-être, car vous portez l'épée.

—Eh bien!

—La veille d'une bataille, vendriez-vous vos meilleurs armes? Livreriez-vous votre plus solide forteresse?

Le comte jugea sans doute la question embarrassante; il feignit de ne point avoir entendu; seulement, à côté de la chaîne il vida une bourse; l'or ruissela en cascade lançant ces éclairs fauves qui éblouissent le pauvre. De Bouloigne laissa un moment le précieux métal exercer son influence satanique. Reymond éprouva comme un vertige et mit une main sur ses yeux afin d'échapper à la tentation; chaque pièce semblait avoir un regard fascinateur. Un souffle brûlant arriva jusqu'à l'oreille

[1] *Le marc valait* huit onces.

du trouvère, et la voix du gentilhomme, qui s'était penché, répétait :

—Toute cette richesse sera tienne... A toi l'or qui étincelle et flamboie, à toi l'or qui chante et qui rit.

—Va-t'en, démon!... laisse-moi, tentateur!

—Il y en a là plus qu'il ne faut pour faire élever un petit temple à l'idole terrestre que tu aimeras.

—Oh, mon Dieu!

—Que tu aimes... Pas une mère ne refusera sa fille au plus riche ménestrel.

Reymond avec un mouvement fébrile porta la main sur sa poitrine, il en a arracha des tablettes, les présenta au comte et dit d'une voix étouffée :

—Voici le *lai*, qui... devait me rendre célèbre... demain... Il vous appartient absolument et pour en user de toute façon qu'il vous plaira.

—L'enfant de ton imagination, ne l'oublie pas, que tu me livres, devient le fils de mon esprit.

—Je renie mon enfant, oui.

—Jure que tu garderas, quoi qu'il advienne, le secret de notre marché.

—Je l'affirme sur le front de ma bien-aimée amie.

Satisfait du serment, le comte de Bouloigne s'éloigna.

Reymond baigna ses deux mains dans l'or et acheva de s'enivrer de la vue et du tintement métallique de son trésor. Il se croyait l'homme le plus riche de la terre, et possédait une somme à peine égale à ce qu'avait perdu, quelquefois sur un coup de dés, le magnifique seigneur à l'alliance duquel il osait aspirer maintenant.

Bercé par une délicieuse pensée, le ménestrel décrocha son luth, sortit et prit le chemin du manoir d'Aurignac.

La nuit, ou mieux un jour plus doux avait succédé à la lumière du soleil; la lune glaçait d'argent la tête des arbres, le manteau des prairies.

Certes Reymond, quelque affolé qu'il fût, n'avait pas choisi un pareil moment pour aller demander la main d'Hameline. Il passa donc devant la herse du château et vint s'asseoir au pied de la tourelle qui servait de retraite à la jolie baronne. Aussitôt qu'il eut préludé à une chanson moins triste que de coutume, la fenêtre d'Hameline s'entrebâilla, et ces mots, à peine intelligibles, arrivèrent jusqu'à lui :

« Si vous aimez noble damoiselle, soyez vainqueur demain au Capitole, car celui qui méritera la dernière *joie*, c'est-à-dire l'églantine, sera fait noble, et alors, riche ou pauvre, le château d'Aurignac lui sera ouvert. Gardez en secret ce que vous apprenez là et qui ne sera révélé qu'après la lutte. »

La croisée se referma.

Reymond tomba en sanglotant sur un banc de verdure. Il n'avait cru vendre, en livrant son poëme, qu'un peu de célébrité; c'était son bonheur qu'il avait aliéné.

Le lendemain, dès le matin, les fleurs d'or et d'argent destinées à servir de *joies* avaient été déposées sur le maître-autel de la chapelle attenant au Capitole. L'entrée du monument, la cour, l'escalier, étaient ornés de guirlandes, de festons de verdure. Vers le milieu de la matinée, les capitouls, les maîtres, les *mainteneurs* du gai savoir, au sein d'une grande affluence de seigneurs et de nobles dames, et au bruit des nombreuses acclamations du public, entrèrent dans la salle où devaient se célébrer les jeux. Les premiers reçurent des mains du clergé, revêtu de ses pompeux habits, les récompenses sur lesquelles s'attachaient les regards avides des concurrents.

La fête des fleurs commença.

Les odes, d'après le sentiment qui les avait inspirées, étaient divisées en catégories qui concouraient, l'une pour la violette, l'autre pour l'amarante ou le lis. L'églantine fut le dernier objet de la lutte.

Parmi les champions qui se disputèrent cette fleur, il se présenta un ménestrel qui déclara n'être que l'interprète d'un haut seigneur, auquel reviendrait uniquement, en cas de succès, l'honneur du triomphe.

Tous les regards se portèrent sur le comte de Bouloigne, placé à côté d'Hameline et qui n'avait rien perdu de son sourire dédaigneux.

A peine l'officieux trouvère eut-il commencé son chant que des marques de satisfaction retentirent; il acheva au milieu de l'approbation unanime.

Le beau visage d'Hameline avait affreusement pâli, elle ne conservait qu'un espoir, et cet espoir semblait devoir la tromper. Un seul adversaire n'avait point encore pris part à la lutte; on attendait, et Reymond ne paraissait pas; encore quelques minutes et le comte obtenait la victoire !

Clémence Isaure, qui avait peine elle-même à cacher son étonnement, se leva : « Amis et compagnons, dit-elle, qui possédez la science d'où naissent la joie, le plaisir, le bon sens et le mérite, n'en est-il plus aucun de vous qui désire se mesurer aux jeux du beau langage ? »

Personne ne répondit.

—Avant que la lice soit fermée, poursuivit Clémence Isaure, sachez que, par une grâce unique, sera anobli le premier qui méritera l'églantine.

Cent voix murmurèrent le nom de Reymond, qui était aimé et estimé de tous; vingt bras poussèrent le ménestrel sur l'estrade réservée aux concurrents. Là, il resta silencieux, la tête inclinée sur la poitrine, et tenant son luth d'une main inerte.

—Gentil compagnon, demanda Clémence Isaure, n'avez-vous rien à nous réciter ?

—Hélas ! non, illustre dame.

—Chante, Reymond, reprirent de différents côtés les camarades du jeune homme, chante ce que le ciel t'inspirera.

Les yeux du trouvère se rencontrèrent avec ceux d'Hameline, et de même que si un livre de poésies se fût tout-à-coup ouvert aux regards de Reymond, il écarta sa longue et soyeuse chevelure, approcha les doigts du luth, fit murmurer quelques accords et captiva bientôt les auditeurs par la pureté de sa voix et la beauté du poëme qu'il improvisait.

Lorsqu'il se tut, une acclamation universelle apprit à Reymond qu'il était vainqueur. Alors la tête lui tourna, ses jambes faiblirent; le pauvre enfant tomba à genoux. Il avait fait plus que de gagner le prix, il s'était vaincu lui-même.

Reymond ne reprit véritablement ses sens qu'au moment où Hameline, à laquelle ce droit avait été cédé, lui attachait l'églantine sur la poitrine. L'heureux vainqueur ne put résister à la tentation de presser contre son cœur la main de la jeune fille. Mais en même temps un poignet de fer serra le bras du ménestrel.

—Misérable audacieux, tonna de Bouloigne, je te connais enfin!

—Que voulez-vous de moi, messire? demanda Reymond ; je vous reconnais aussi, mais je suis assuré de n'avoir point manqué à mon engagement envers vous.

—Je me soucie assez peu maintenant de ta discrétion ; mais si tu as l'insolence de conserver dans ton cœur l'image de cette charmante et ingrate damoiselle, ma fiancée, mes varlets te feront périr sous les verges.

Reymond, déployant une souplesse et une vigueur dont on ne l'eût point cru doué, dégagea son bras de l'étreinte du comte, et, l'œil brillant, les joues en feu, il répliqua vivement :

—Vos menaces ne m'effraient pas, car j'ai présentement, comme vous, messire, le droit de porter une épée!

Le comte poussa un éclat de rire méprisant.

Le baron d'Aurignac, que madame Isaure, sa meilleure amie, était parvenue à rendre favorable aux prétentions du ménestrel, détacha l'arme qui était suspendue à son côté, et dit à de Bouloigne :

—Seigneur comte, le jeune homme a raison ; il est des nôtres maintenant, et je serais bien aise de voir s'il saura réellement défendre la compagne que la Providence semble lui réserver.

Puis il ceignit lui-même l'épée à Reymond, qu'il sermonna en ces termes laconiques :

—Mon fils, que Dieu vous protége! rappelez-vous que vous devez agir en gentilhomme.

Clémence Isaure et d'autres dames entouraient Hameline et s'efforçaient de l'encourager.

Pas un homme ne demeura dans la salle du concours, tous voulurent être témoins d'un combat dont la cause et les préliminaires avaient excité l'intérêt général.

De Bouloigne et Reymond s'arrêtèrent derrière les murs du Capitole et mirent flamberge au vent.

Le comte exécuta ce mouvement en homme expert dans l'usage des armes; le ménestrel s'en acquitta en véritable novice, mais avec autant d'ardeur que d'ignorance. Il fut bientôt facile de juger que Reymond se trouvait entièrement à la merci de son adversaire.

Celui-ci n'était pas d'humeur à user de générosité, aussi porta-t-il droit au cœur du poëte un coup d'estoc terrible.

Le coup arriva à destination.

Cependant l'épée de Reymond se leva encore une fois, et, en s'abattant, traça depuis l'épaule jusqu'au poignet une longue traînée de sang sur le bras allongé du comte, qui ne put retenir son arme, essaya de la ramasser et chancela.

Le ménestrel était demeuré debout.

On s'élança vers lui pour le retenir avant qu'il tombât pour ne plus se relever.

Mais le jeune homme rengaîna tranquillement. Il n'avait pas une égratignure. La pointe de l'épée du seigneur avait rencontré l'églantine d'or et s'y était émoussée.

Obéissant à un de ces sentiments fort communs à l'époque où vivaient nos personnages, le baron d'Aurignac prit Reymond par la main, le conduisit auprès d'Hameline, et dit à la jolie damoiselle :

« Ma fille, voici votre époux futur. »

Louis Lassalle, del.

MARIETTE.

Paris. Imp. Godard. Q. des Augustins. 55.

Il y aurait excès de prétention à dire que l'anecdote que nous allons raconter appartient à l'histoire.

L'histoire n'a pas de registre ouvert aux actes des pygmées de la vie, elle ne fait pas écho aux impressions des nains du monde. Pour qu'elle transmette à l'avenir les traits des individus et la note vibrante des sensations qu'ils ont éprouvées, il faut qu'elle les trouve sur le piédestal, sur l'estrade ou sur la sellette.

Quand on se nomme Louis IX, Blanche de Bourbon, Condé, Jean-Jacques Rousseau, Scudéri ou Pompadour, les annales écrites tiennent compte de l'impression qu'a pu produire une simple fleur, ou du rôle qu'a joué un lis, un œillet, une pervenche dans ces existences en relief; mais que de drames mouvementés, que de charmants proverbes inédits et empreints de sentiments auxquels les fleurs ont servi d'accessoires et qui sont restés étouffés sous l'obscurité du nom des principaux personnages!

Nous allons exhumer un de ces épisodes inconnus qu'aucun chroniqueur contemporain n'a encore brodé pour le roman ou pour le feuilleton. Nous le raconterons dans toute sa simplicité native.

Ce n'est qu'un proverbe, ou plutôt une scène, nous l'avons dit ; procédons comme si nous écrivions pour le théâtre.

Indiquons d'abord nos personnages et le lieu de l'action.

PERSONNAGES.

DELCOURT, ancien officier de l'Empire.
JACQUES, apprenti peintre, 18 ans.
MARIETTA, fille de Delcourt, 15 ans.

La petite scène que nous esquissons a pour décor une partie du beau paysage qui s'étend de Grenoble à Monaco, en faisant coude à mi-route sur Turin.

Aux deux points extrêmes de cette ligne brisée se trouvait, vers l'année 1823, un pauvre orphelin se débattant, dans l'isolement et l'abandon, contre la faim et la nudité, et trouvant bientôt, grâce aux fonctions de berger, le moyen de subvenir à ses premiers besoins et de préserver son corps des atteintes de la froidure.

Jacques (c'est le nom que l'hospice avait donné à l'enfant délaissé) était alors âgé de quatorze ans ; il vivait au jour le jour, insouciant de la route que le sort lui réservait, et cependant d'étape en étape changeant de condition et de maître, suivant les caprices de sa destinée, il avait traversé pour ainsi dire pas à pas la chaîne agreste du Piémont et s'était abattu, comme un pauvre oiseau sans nid, sur le littoral de la Méditerranée, près du joli pays de Mentone, dont les belles moissons donnent à l'homme sa nourriture et aux dames élégantes ces jolies et riches coiffures si connues sous le nom de chapeaux de paille d'Italie.

Jacques avait trouvé là du travail. Laissons-le un moment sous le beau ciel qui fait fleurir le myrte et mûrir le fruit de l'oranger.

A peu près à la même époque, à mi-route de Mentone à Monaco, une petite habitation coquettement placée sur le bord de la mer avait reçu comme locataire le capitaine Delcourt, un des chefs courageux d e ces vieilles compagnies de grenadiers qui ont fait la force et la renommée de Napoléon.

L'Empereur venait de mourir. Delcourt, comme tous les vieux soldats, avait douté longtemps que le drame de Sainte-Hélène eût atteint son dénoûment. Enfin, quand il eut appris la vérité par un de ses anciens frères d'armes qui était revenu après avoir été témoin des funérailles de Sainte-Hélène, le séjour de la France devint pénible à l'ancien officier. Veuf depuis plusieurs années, il ne vivait plus que pour une fille bien-aimée qui avait reçu les premiers éléments de l'instruction dans une des écoles que l'Empereur avait ouvertes aux enfants de ses officiers. Il se rappela que, lorsqu'il partit soldat pour faire les premières campagnes d'Italie, il avait été fortement impressionné par le charme du pays de Monaco; il s'était promis, si le sort des armes le lui permettait, de revoir un jour cette contrée et de venir y vivre en rentier, de la pension de retraite acquise par ses services.

Le capitaine tint parole et il était venu chercher l'hospitalité à quelque distance de Mentone, sœur jumelle et voisine de Monaco. Mariette, sa fille, l'accompagna et adopta le costume coquet du pays.

Ce projet réalisé, Mariette, pour ajouter à la petite et insuffisante fortune de son père, accepta le travail qui lui fut offert dans une fabrique où la paille se tressait en chapeaux. M. Delcourt, quelque temps après l'entrée de Mariette aux ateliers, fut nommé surveillant de la manufacture.

Au nombre des travailleurs chargés du choix et du triage des pailles était un jeune homme nouvellement admis. Il se faisait remarquer par son intelligence et par sa douceur; mais on avait à lui reprocher une sorte de manie rêveuse qui le poussait à s'isoler de ses compagnons d'atelier.

Quand il trouvait un moment de liberté, il cherchait avec empressement un lieu propre à la culture des céréales. On le voyait alors assis sur un revers de sillon, faire avec amour la cueillette de ces jolies fleurs si riches de nuances et dont la forme leur a valu le nom vulgaire de clochettes des champs.

Cet ouvrier rêveur, dont les goûts étaient inexpliqués pour ses camarades, c'était Jacques.

Un jour Mariette s'approcha de l'ouvrier, et lui dit de sa voix douce : Jacques, vous aimez trop la solitude et les clochettes.

Jacques leva sur la jeune fille, un regard qui semblait demander grâce pour ses fleurs aimées ; il y avait de plus dans ses yeux le désir de confesser un mystère que sa bouche était prête à révéler à celle qui le grondait.

Mariette prit place près de Jacques, et voici ce qu'il lui dit :

—Je n'ai pas toujours aimé les clochettes des champs, à qui Dieu a donné la forme de la cloche de ses églises.

Orphelin, forcé, pour vivre, de passer ma vie errant à l'âge où je voyais tout le monde, excepté moi, posséder une demeure et une famille, j'entendais la cloche du matin annoncer le commencement de mes souffrances. Un jour que ce son m'avait frappé plus tristement que de coutume, j'aperçus dans un champ de blé des quantités de petites cloches bleues, roses, blanches, les unes d'une seule nuance, d'autres confondant ensemble leurs couleurs, et je me dis tristement en détournant les yeux : C'est l'image de l'instrument qui me dit le matin : Éveille-toi pour souffrir!

... Puis, si le clocher du village voisin sonnait une naissance, un baptême, je comparais malgré moi la destinée du nouveau venu dans le monde avec celle qui était mon lot... Il me semblait que la cloche m'apportait le bruit de la joie des parents et de la famille. Alors je répétais : Je n'ai pas eu de berceau; mes langes appartenaient à l'hospice, on m'a donné un parrain et un nom par charité ; et dans ma colère enfantine, je foulais au pied la faible petite plante qui me rappelait ce que la cloche avait dit à mon imagination.

...Un jour, victime de la brutalité et de l'injustice de mon maître, me trouvant sans asile et ne sachant que devenir, je regardais autour de moi le spectacle de la nature à l'heure où tout va reposer, et je me demandais si le bon Dieu, qui donnait à toutes les créatures vivantes une tanière, un gîte, ou un nid pour s'abriter, me laisserait dans l'abandon... Je pensais... L'angélus sonna au lointain... avec accompagnement de ces petits carillons en usage dans quelques cantons de la Savoie... machinalement je marchai du côté où j'entendais le son argentin. Ce soir-là, le tintement du timbre semblait avoir changé d'expression. Il me paraissait moins triste que de coutume. Je ne sais ce qui se passa en moi, mais pour la première fois de ma vie je composai quelque chose qui ressemblait à un chant, ou plutôt à une de ces complaintes que les colporteurs vendent dans les campagnes. J'ajustai tant bien que mal des paroles sur l'air que m'envoyait la cloche, et pendant que je marquais la cadence en marchant, je répétais :

Prie, espère :
Dieu sur terre
Te verra...
Ta misère,
Pauvre Pierre,
Cessera.

Le soir même j'avais trouvé bon gîte, bon repas et une condition plus douce que celle qui m'était échue précédemment. Un brave chaudronnier m'avait accosté et offert de m'héberger en échange du service que je lui rendrais en l'aidant à porter à dos une partie de sa marchandise : j'acceptai et nous cheminâmes ensemble vers Turin. Tout le long des escarpements et des vallées, il y avait encore de petites clochettes. Le vent les agitait et faisait pencher leur tête de droite à gauche. Il me semblait qu'elles battaient la mesure de l'air qui m'avait porté bonheur la veille, et je continuais en trottant gaîment :

Prie, espère...

A partir de ce jour, mademoiselle Mariette, toutes les fois qu'une clochette s'offrit à ma vue, ce fut comme la promesse d'une bonne aubaine que le ciel réalisait presque aussitôt. Le jour où le chaudronnier qui m'avait pris pour compagnon de voyage allait se séparer de moi, parce qu'il devait faire le reste de sa route en voiture et qu'il n'avait pas le moyen de payer pour deux, il me dit en riant :

« Jacques, v'là des clochettes, va-t'en voir à cette jolie habitation, où de jeunes filles apprêtent des chalumeaux de paille, s'il n'y aurait pas quelque labeur pour toi. »

C'est à vous que je me suis adressé, mademoiselle Mariette. Vous m'avez quitté un moment pour aller prendre conseil de votre père... vous êtes revenue avec une bonne réponse, j'ai été admis parmi les ouvriers, et les clochettes n'ont pas menti. —

Jacques ajouta : « Je serais bien ingrat si je n'aimais pas ces petites fleurs-là ! »

Le compagnon de voyage du chaudronnier demeurait depuis dix ans à la fabrique dont le capitaine Delcourt était le surveillant. Il s'était fait un changement dans la position du jeune homme; sa bonne conduite, autant que son intelligence, l'avait élevé au grade de contre-maître, dans une succursale de la fabrique de Mentone. Jacques fut obligé de s'éloigner, et il lui fallut beaucoup de courage pour céder aux désirs du capitaine, qui l'avait fait élever à cette position supérieure à celle que le jeune homme occupait... Jacques eût préféré le séjour de Mentone, le travail inspecté par le capitaine, à toute autre fabrique, à toute autre occupation, car Mariette avait fait une vive impression sur son cœur, et la jeune fille n'avait pas vu sans intérêt les bonnes qualités de Jacques se développer de jour en jour.

Jacques et Mariette eurent en même temps une même pensée. Le travail pouvait, dans un avenir prochain, briser les obstacles qui rendaient impossible leur union. Jacques, simple ouvrier, n'offrait au père de celle qu'il aimait aucune garantie de bien-être pour le ménage; mais, en s'élevant dans la hiérarchie ouvrière, les ressources augmentaient et les exigences du budget de famille se trouvaient satisfaites; seulement il fallait attendre, attendre bien longtemps.

Jacques partit et se résigna à vivre loin de Mariette.

Avant la séparation, Jacques demanda à Mariette son livre de prières et il plaça entre chaque feuillet une clochette des champs disposée comme dans un herbier... puis il laissa à la jeune fille ce souvenir de douces émotions auxquelles elle n'était pas restée étrangère.

Mariette trouva une consolation dans ces petites fleurs qui lui retraçaient la candeur d'âme de celui que son cœur regrettait. Quelquefois il lui arrivait de lier conversation avec ces petites plantes qui se desséchaient sans que leur couleur s'altérât.

—Avec qui causais-tu donc hier, Mariette? demandait quelquefois le capitaine à sa fille.

—Avec personne, mon père... j'étais seule feuilletant mon livre d'heures. Mais vous, mon père, il me semble souvent que vous parlez à quelqu'un avec émotion... au moment où vous rentrez dans votre chambre pour vous coucher.

—Moi?... tu te trompes, Mariette... Peut-être ai-je lu à haute voix quelques pages du bréviaire de la Grande Armée: c'était sous ce titre que le vieux soldat de l'Empire désignait la *Collection des bulletins de la Grande Armée,* écrits par Napoléon depuis Austerlitz jusqu'à Waterloo. Ce livre formait toute la bibliothèque du capitaine, et contenait aussi sa relique de cœur comme le livre de prières de Mariette avait la sienne.

Un soir le vieux capitaine était rentré, après avoir fait une longue pose dans son jardin sous un bosquet ombragé par des grenades et des lauriers et sous lequel un buste de Napoléon avait été placé. M. Delcourt avait vu de la lumière dans la chambre de Mariette à une heure avancée et à laquelle la jeune fille avait coutume de reposer. Il s'inquiète... il se demande si sa fille, séduite par le charme dangereux du style d'un romancier, ne se serait pas laissé entraîner à une de ces lectures pernicieuses qui portent avec elles un poison subtil.

Au point du jour Mariette se rendit à la fabrique; le capitaine entra dans sa chambre, il trouva sur une petite table près du lit le livre de prières, et il se repentit d'avoir conçu une mauvaise pensée... puis en feuilletant, sans but et sans pensée, le livre de Mariette, il ne s'aperçut pas que de petites clochettes se détachaient des feuillets et tombaient une à une sur le sol.

A la demi-journée, Mariette quitta l'atelier et, ayant quelques moments de loisir à dépenser, elle courut vers le meuble sur lequel était déposé son livre... A peine a-t-elle tourné les premières pages qu'elle s'aperçoit de l'absence de ses fleurs... elle pâlit, cherche de tous côtés, elle n'en trouve aucune trace. La chambre avait été balayée.

Elle pleure, la pauvre enfant, comme si un grand malheur frappait sa petite fortune ou atteignait sa famille. Le capitaine entend la voix de sa fille, il se précipite vers elle...

—Mon père, dit Mariette, on a touché à mon livre?...

—Oui, mon enfant, dit l'officier.

—Savez-vous qui?

—Sans doute... Ai-je commis un crime?... c'est moi qui suis coupable de cette indiscrétion, ajouta-t-il en souriant.

—Ah! mon père,... vous n'avez pas vu des petites clochettes bleues, blanches, violettes?...

—Je n'ai pas fait attention... elles seront tombées... et on les aura emportées en faisant le ménage.

Mariette sanglotait.

—Enfant, continua M. Delcourt, peux-tu donc attacher tant de prix à des brins d'herbe desséchée?... et il cherchait par des phrases rieuses à chasser la triste impression qu'éprouvait Mariette.

La jeune fille se retira dans sa chambre en proie à une tristesse profonde; elle resta quelques moments insensible à tout ce qui n'avait pas pour but le regret de ses fleurs.

Tout à coup une voix animée par la colère se fait entendre. C'est la voix du capitaine Delcourt; il appelle sa fille.

— Que voulez-vous, mon père? demande celle-ci, en entrant aussitôt.

—On a pris un livre dans ma bibliothèque, le seul livre qui soit un livre... le bréviaire de la Grande Armée...

— Mon père, ce livre que vous aimez tant, que vous soignez tant, ne peut être perdu... et s'il l'était, nous écririons à Toulon. Le libraire, votre ami, en trouverait un semblable.

— Un semblable, jamais! dit le capitaine en précipitant le pas et en frappant fortement le sol du talon de sa botte; tu ne sais donc pas ce qu'il renferme, ce livre?

—Je l'ignore.

—Il est le dépositaire d'un trésor plus précieux pour moi que tous les caissons d'or que nous avons rapportés d'Italie et d'Égypte : entre deux de ses feuillets, est placée une relique qui est tout un culte d'enthousiasme, toute une religion d'amour... un de mes compagnons d'armes l'a rapportée du fond de l'Afrique... C'est une feuille cueillie par lui sur le saule qui couvre le tombeau de Sainte-Hélène.

L'exaspération du capitaine augmentait, c'était presque du délire.

A ce moment la voix de la vieille domestique qui servait Delcourt retentit...La servante avait trouvé sous le bosquet le bréviaire du capitaine. Il l'avait oublié. Le vieil officier faillit tomber à la renverse de joie en retrouvant la feuille de saule empreinte d'un si glorieux souvenir.

—Vous voyez, mon père, reprit Mariette avec un sourire mélancolique, vous voyez ce qu'un petit brin d'herbe desséchée peut avoir de puissance sur l'imagination et sur le cœur... Le sentiment ne varie que dans sa nuance et la fleur dans sa forme et dans sa couleur.

Le capitaine Delcourt comprit qu'il devait à Mariette une réparation pour la perte des jolies clochettes : il pressa le retour de Jacques dont il fit un bon commis et un excellent mari pour sa fille; et à partir de ce moment les clochettes nouvelles et la vieille feuille du saule eurent trois sentinelles vigilantes pour les protéger contre l'invasion des barbares qui auraient tenté de violer leur double reliquaire.

Louis Lassalle del.

HENRIETTE DE LANCASTRE.

Paris Imp Godard, 2 q. des Augustins. 55

Après un séjour de quelques semaines dans ses terres, le comte Hugues de Nangis se hâtait de rejoindre la cour au sein de laquelle il brillait parmi les plus brillants gentilshommes, du triple éclat qu'il tirait de sa naissance, de sa fortune et de la faveur royale. Hugues était, de plus, jeune, spirituel, brave et beau cavalier, ce qui ne gâtait en rien ses affaires dans un siècle où l'humeur chevaleresque, la galanterie, l'amour des arts et des lettres atteignit un si haut degré, dans ce XVIe siècle enfin qui fut pour le génie français l'aurore radieuse du règne éblouissant de Louis XIV.

Ayant trouvé le Louvre à peu près désert, le comte de Nangis s'était dirigé vers Fontainebleau, où François Ier surveillait, dirigeait les embellissements du château.

Bien que le palais ne fût pas terminé, un grand nombre de logements, sur les neuf cents chambres qu'il devait contenir, était déjà habitables. Hugues y obtint donc facilement un gîte digne de l'hospitalité du monarque qu'il servait.

Le gentilhomme retrouva là les mêmes visages à peu près qu'au Louvre, la même courtoisie, les mêmes ambitions, les mêmes rivalités, les mêmes intrigues, nous hésitons à dire les mêmes amitiés ; il reprit ses anciennes habitudes, recouvra ses précieux priviléges.

Il n'y avait guère au château de Fontainebleau de réceptions officielles, mais la cour se réunissait souvent et formait une espèce de conseil où l'on s'occupait de tout et encore un peu d'autre chose, suivant l'expression d'un contemporain.

A la première réunion où se trouva le comte de Nangis, il fut témoin d'un fait bizarre et dont personne cependant ne parut se préoccuper.

Tandis que dans l'embrasure d'une fenêtre le Dauphin devisait avec Diane de Poitiers, que Catherine de Médicis et Marguerite de Valois écoutaient une épigramme de Clément Marot [1], que la duchesse d'Étampes, entourée de nombreux courtisans, entre lesquels on pouvait distinguer le roi de Navarre, complimentait le Primatice [2] sur sa dernière œuvre, enfin, pendant que beaucoup d'autres personnages illustres se groupaient de diverses manières, une dame, seule, et sur le passage de laquelle les valets se contentaient de saluer, se montra à la porte de la salle. Nul ne parut avoir remarqué ni connaître la nouvelle venue, nul, excepté cependant François Ier, dont les traits perdirent un moment de la bonne humeur qui leur était habituelle. Le roi se leva, alla au-devant de la dame qu'il conduisit à un siége, et il regagna sa place sans avoir dit un mot.

[1] Ce poëte, dont le style devait servir de modèle pour la grâce et la naïveté, avait déjà, par une épître à François Ier, des rondeaux, des sonnets, des ballades, etc., acquis la réputation de premier écrivain de la langue française.

[2] François Primatice était né à Bologne. Sa célébrité comme statuaire et comme peintre lui avait valu de la part du roi la gracieuse invitation de se rendre à la cour de France. Les plus grandes faveurs y retinrent cet artiste célèbre.

Au milieu de l'indifférence réelle ou affectée de tous, un personnage avait regardé d'un œil inquiet et jaloux s'accomplir cet acte de muette courtoisie, puis il avait repris son froid visage de diplomate : c'était l'ambassadeur d'Angleterre.

Le comte de Nangis se prit à contempler l'étrangère comme s'il eut dû trouver sur la physionomie de celle-ci l'explication d'une aussi singulière façon d'agir.

La mystérieuse personne, dont chacun maintenant affectait d'éviter le voisinage, n'avait pourtant rien dans tout son extérieur qui justifiât l'abandon et l'isolement où on la laissait ; elle possédait au contraire, avec la jeunesse, presque tous les charmes physiques.

Quant au costume, il offrait cette singularité de ressembler assez, malgré toute sa richesse, à un vêtement de deuil, singularité que rendaient plus frappante encore les roses rouges naturelles qui se trouvaient mêlées aux bijoux et aux dentelles.

A la curiosité du comte de Nangis avait peu à peu succédé un sentiment d'intérêt inspiré sans doute par l'air triste et les attraits de la dame.

Ayant aperçu Clément Marot qui, abandonné par ses auditeurs et le nez en l'air, cherchait au plafond quelque rime rebelle, il résolut d'interroger le poëte. Il le savait très-amateur des petits secrets, des petites nouvelles qui couraient par la ville ou à la cour, et assez disposé, en général, à faire partager aux autres le plaisir qu'il avait éprouvé en les apprenant. Hugues s'approcha donc de Clément Marot, auquel il toucha l'épaule afin de le tirer de ses préoccupations poétiques.

Le comte ayant voulu, après quelques propos, diriger l'attention du poëte sur la dame aux roses rouges :

—Je ne la vois point, dit vivement Marot.

—Vous ne la voyez point?

—Non, non, non.

Hugues laissa échapper un mouvement d'impatience.

—Raillez-vous? ajouta-t-il.

—Dieu m'en préserve!

—Alors, l'un de nous deux est fou, maître Clément.

—Ma foi, je ne crois pas que ce soit moi, gracieux comte.

Et le poëte échappa au gentilhomme pour courir après la rime, dont il avait besoin.

Hugues demeura un instant tout étourdi, se demandant si depuis une demi-heure il était le jouet d'une hallucination, et si la dame aux roses rouges à laquelle nul ne prenait garde était une chimère ou une réalité. Tout en se frottant les yeux, le comte se dirigea vers la belle délaissée. Il n'y eut bientôt entre elle et lui que l'espace nécessaire à un salut. Hugues s'inclina; lorsqu'il releva la tête, il n'aperçut plus l'objet de ses hommages.

Ce phénomène, hâtons-nous de le dire, avait une cause toute naturelle. Les regards du courtisan se trouvaient simplement interceptés par l'opacité du corps de monseigneur l'ambassadeur anglais, avec lequel il se vit face à face.

—Un mot, je vous prie, comte, dit ce dernier, en contraignant poliment Nangis à s'éloigner.

Quand ils eurent fait quelques pas, le premier reprit d'un ton querelleur :

—Quelles raisons, seigneur de Nangis, aviez-vous tout à l'heure de saluer une personne que vous ne connaissez pas?

—Voilà une méchante question, sir William.

—Je ne sais de méchantes questions que celles auxquelles on craint de répondre. Se taire, c'est avouer que l'on n'ose pas répondre.

—En est-il vraiment ainsi à Wesminster, et les gentilshommes qui portent une épée au côté ne savent-ils, en effet, user que de la langue?

Soit que l'ambassadeur se repentît d'avoir cédé à un trop vif mouvement de mauvaise humeur, soit qu'il s'aperçût que, peu familier avec les délicatesses de la langue française, il avait mal choisi ses expressions, notre diplomate ajouta d'une voix presque amicale.

— Cher comte, je n'ai aucun sujet de vous offenser ; je vous tiens et estime pour un brave gentilhomme. Vous me répondrez si vous voulez bien me faire plaisir, voilà tout.

—Oh ! puisqu'il en est ainsi, je n'ai rien à vous refuser. Vous me demandiez dans quel but je présentais mes hommages à cette adorable personne que je ne connais point, il est vrai.

—Oui, c'est bien cela, cher comte.

—Eh! mais, je la saluais... pour la saluer, pas autre chose.

—Hum !.. Ne faites-vous point de la diplomatie avec moi ?

—C'est-à-dire que vous n'êtes pas bien sûr que je dise la vérité?

—Oh !.. Peut-être la gazez-vous un peu. Cela est permis, entre diplomates.

—Oui, oui ; mais je ne suis pas diplomate, moi.

—Vous êtes le favori du roi, et il pourrait vous avoir chargé de faire quelque ouverture favorable aux prétentions de la dame qui nous occupe, donné quelque mission secrète auprès d'elle...

—En vérité, sir William, vous me parlez hébreu, que je n'entends pas le moins du monde. Tout ce que j'y puis comprendre, c'est que la jolie dame existe réellement, ce dont je commençais à douter un peu.

—Plût au ciel que son existence fût imaginaire et, si vous me permettiez de vous donner un conseil, je vous engagerais à la considérer comme telle dans l'intérêt de bien des gens.

—Une menace, milord ?

—Peut-être.

Le comte de Nangis allait dignement relever cette espèce de cartel, quand François Ier se leva et donna le signal de la retraite. Hugues se trouvait, par les devoirs de son rang, appelé auprès du roi. Il alla donc prendre sa place dans le cortége royal.

François Ier, ayant demandé à Hugues s'il n'avait point quelque faveur à solliciter, celui-ci supplia le roi de lui accorder la permission d'appeler en champ-clos l'ambassadeur d'Angleterre.

Le monarque refusa net.

Huit jours durant, le comte de Nangis bouda le roi. Notre courtisan ne se montra ni aux promenades, ni aux cercles, ni aux réceptions de la cour. Il ne quitta presque pas son logis. Ce qui, autant au moins que le dépit sans doute, entretenait Hugues dans des idées de retraite, c'était la position des fenêtres de l'appartement qu'il habitait. En effet, elles ouvraient juste en face d'un petit pavillon, aux croisées duquel apparaissait fort souvent une admirable tête blonde, triste et toujours coiffée avec des roses rouges.

Si rêveuse que fût la tête blonde, ses grands yeux bleus se levaient parfois cependant vers les fenêtres du comte, et chaque fois ils y rencontraient le regard ardent d'Hugues, l'un des plus agréables cavaliers de la cour et, sans contredit, le gentilhomme le plus poli du royaume, car aussitôt le jeune homme saluait.

Une semaine s'étant écoulée sans que le comte de Nangis donnât signe de vie chez le roi, François Ier, que le gentilhomme n'avait pas accoutumé à d'aussi longues rancunes, pensa que son favori était malade, et comme il l'aimait véritablement, il envoya prendre des nouvelles de l'absent.

Il était impossible qu'Hugues demeurât insensible à une semblable gracieuseté, et il n'eût pas hésité à se rendre auprès du roi, lors même que la tête blonde n'eût point disparu depuis près d'une heure. Nangis prit le chemin de l'endroit où la cour était réunie..

Il retrouva en ce lieu son aimable voisine, aussi isolée que la première fois qu'il l'avait vue. Elle était vêtue des mêmes habits, parée de la même façon. A l'entrée du comte, la dame rougit, et alors sa beauté parut avoir acquis une certaine animation, qui lui manquait pour être parfaite.

Hugues se dirigea vers le roi, qui le revit avec joie, lui prit familièrement le bras et, après deux ou trois tours, lui rendit la liberté.

Or, il résulta de cette liberté que Nangis était si près de l'inconnue au moment où une des roses qu'elle portait tomba sur le tapis, qu'il suffit au comte de se baisser pour ramasser la fleur.

François Ier frappa du pied, la duchesse d'Étampes laissa échapper un geste de dépit, l'ambassadeur d'Angleterre, de rouge qu'il était ordinairement, devint écarlate. Tout le monde se tut.

L'étrangère se leva.

—Enfin, s'écria-t-elle, la rose rouge a trouvé un champion ! Sire roi, merci !

Puis elle sortit.

L'envoyé anglais s'était approché du roi.

—Sire, dit-il d'une voix étranglée, avez-vous entendu les paroles de la duchesse?

—Eh bien, monsieur? demanda François Ier avec hauteur.

—Mais, Sire, il me semble que puisque l'on a osé tenir en votre auguste présence un pareil langage...

—N'oubliez pas, monsieur l'ambassadeur, que le roi de France n'a qu'une parole. Je la tiendrai loyalement. La duchesse est une folle, sur certain point, vous ne l'ignorez pas.

—Sa folie est dangereuse, Votre Majesté; elle peut devenir contagieuse.

—Soyez tranquille, je veillerai à ce qu'elle ne se propage point.

Et se tournant vers Nangis, il ajouta sans manifester grande colère :

—Monsieur le comte, vous êtes revenu bientôt de vos domaines, vous avez eu tort.

Le gentilhomme baissa la tête et s'éloigna, car le roi lui avait tourné les talons.

C'était une disgrâce, un exil, après tout.

Hugues, pour rentrer dans son logement, devait passer devant la porte du pavillon où apparaissait la jolie tête blonde. Arrivé là, il fut arrêté par une suivante, qui l'invita à la suivre, par ordre de *madame la duchesse.* Le comte de Nangis s'empressa d'obéir à une invitation qui, malgré sa disgrâce, le remplissait de joie.

Il ne tarda pas à être en présence de la dame aux roses. Elle était radieuse et tendit au comte une délicieuse petite main, qu'il baisa.

—Seigneur, dit la duchesse, je suis fort satisfaite que le roi vous ait choisi pour me témoigner qu'il prenait enfin à cœur la défense de ma cause.

—Madame, j'ignore absolument ce que Sa Majesté a décidé à ce sujet.

—N'étiez-vous pas le ministre ingénieux de ses volontés, lorsque vous avez relevé de terre cette rose, emblème de mes droits?

—Je n'ai obéi, en agissant ainsi, qu'à ma seule inspiration, et bien que l'on me punisse, que l'on me chasse de la cour pour cela, je m'estimerai trop heureux si vous me permettez de conserver une fleur qui, à mes yeux, est le seul emblème de votre adorable beauté.

—Ainsi le roi...

—M'exile, madame.

—Et tout-à-l'heure il ne vous témoignait point en secret de ses sympathies pour mes justes prétentions, de son désir de m'accorder une protection que je sollicite en vain?

—Hélas! non.

— L'intérêt que vous m'avez témoigné le premier de tous ne vous était point inspiré par votre royal maître?

—Oh! non, madame, je vous le jure : cet... intérêt était bien spontané et bien personnel.

Ces mots furent prononcés avec tant de chaleur que les joues de la duchesse se couvrirent d'un charmant incarnat. Elle prit son front dans les deux mains et poursuivit après un moment et comme si elle se parlait à elle-même ;

—Ah! l'on m'a si souvent et si obstinément jeté à la tête ce titre de reine qu'il m'a rendue insensée: parfois, je le sens bien... j'ai honte et je souffre.

—Madame, dit Nangis doucement, je ne vous comprends pas, mais je donnerais ma vie pour racheter une heure de vos souffrances.

La duchesse écarta les mains qui lui cachaient le visage, son regard se noya dans le tendre et suppliant regard d'Hugues.

—Oh! tout le bonheur, ajouta-t-elle, est-il donc dans une royauté?

—Non, non, madame, le ciel a placé le bonheur partout; il en a mis pour moi dans cette rose que vous avez portée, repartit vivement Hugues, qui prit la réflexion de la jeune femme pour une question, il en a mis dans l'air que vous embaumez, il en a mis dans le souvenir que vous laissez au cœur.

—Hélas! puis-je répandre ainsi le bonheur, moi qui ne l'ai trouvé nulle part, mais qui l'eusse rencontré peut-être si... l'on m'eût parlé un aussi doux langage?

Nangis se laissa glisser aux genoux de la duchesse. Ce qu'il lui dit alors, il le prononça si bas que Dieu seul et elle l'entendirent. Lorsque le gentilhomme se tut, des larmes humectaient les paupières de la jolie dame et elle murmurait :

« Mon Dieu, il me semble que je suis guérie. »

Une heure plus tard le roi recevait un pli dont le cachet portait une rose. A peine François Ier eut-il lu la missive qu'il se hâta d'ordonner que les principaux personnages de la cour s'assemblassent.

—Messieurs, leur dit-il, vous savez combien notre cœur a pâti lorsque nous avons vu une descendante de la maison royale de Lancastre venir réclamer notre appui en faveur de droits qui, il y a moins d'un demi-siècle, ont coûté à l'Angleterre le plus pur de son sang. A ces droits éteints nous n'avons pas cru devoir prêter notre assistance, ni rallumer une lutte qui, sous le nom de guerre des deux Roses[1], a duré plus de trente années. Les prétentions hautement avouées de la duchesse de Lancastre, son espoir d'obtenir notre assistance nous avaient, à notre grand regret, forcé de lui témoigner par l'accueil le moins cordial qu'elle n'eût rien à attendre de notre concours en cette affaire. Mal conseillée, elle continua néanmoins à espérer une aide que nous lui refusions

[1] Henri VI, de la maison de Lancastre, portait dans ses armes une rose rouge; Richard d'York, qui lui disputa le trône d'Angleterre, avait dans les siennes une rose blanche. Tous deux descendaient d'Édouard III.

sagement. Lassé d'une persistance qui pouvait d'autant plus exciter les justes susceptibilités d'une nation voisine que la duchesse prétendait être traitée en reine, nous essayâmes d'un moyen violent pour la guérir de son ambition en lui montrant une indifférence égale à ses prétentions. En cela chacun a servi mes intentions avec un zèle plus exagéré que chevaleresque ou charitable. Je ne vous en fais pas de reproches, la duchesse vous pardonnera si elle vous juge dignes de pardon...

Les gentilshommes baissèrent le nez, les dames se mordirent les lèvres.

François Ier continua :

—Voici la missive que nous adresse la duchesse, missive qui nous remplit de joie, car elle nous fait libre de traiter une illustre dame avec toute la courtoisie due à son mérite éclatant :

« Sire, je dépose en vos augustes mains ma renonciation pleine et entière aux droits que me donnait ma naissance à la couronne d'Angleterre. Octroyez-moi la faveur de me considérer comme votre très-humble et très-respectueuse sujette.

« Henriette, duchesse de Lancastre. »

A quelques semaines de là, Clément Marot composait un épithalame en l'honneur du mariage du comte de Nangis avec la duchesse de Lancastre. Il y est prouvé ainsi qu'en cherchant bien on peut le voir dans les œuvres du naïf et élégant poëte : *comme quoi l'amour est un grand médecin qui guérit les insensés en les rendant fous.*

PEUT-ÊTRE vous rappelez-vous avoir entendu parler, il y a quelques années, d'un grave dissentiment qui venait d'éclater entre l'Angleterre et la Chine. Les fils du Céleste Empire refusaient en effet de continuer à s'abrutir avec l'opium que *John-Bull* s'était arrogé le droit de leur expédier et vendre bon gré mal gré. La Grande-Bretagne prétendit que ceux-ci ne pouvaient se dispenser de prendre sa marchandise, et elle se disposa à le leur prouver par l'irrésistible logique du canon. Les Chinois, qui, dit-on, ont inventé la poudre et se servent encore d'arcs et de flèches, se hâtèrent de repeindre sur leurs boucliers, de dessiner à la proue de leurs vaisseaux les figures de monstres au moyen desquelles ils espèrent terrifier leurs ennemis, et attendirent les Anglais en branlant dédaigneusement la tête.

Nous serions le trop indigne Homère d'une lutte aussi mémorable, pour que nous osions entreprendre de la chanter. Quelque *lettré*, espérons-le d'ailleurs, écrira avec les cent mille caractères composant l'alphabet chinois cette nouvelle Iliade, qui ne peut manquer alors d'être traduite en français. Nous nous contenterons donc, quant à nous, de vous dire dans un petit chapitre quelle fut la cause première et véritable d'une contestation qui faillit déchaîner encore une fois l'Occident sur l'Orient.

A l'époque où se place notre récit, le glorieux *Sing-Tchi* occupait à Macao le poste élevé de mandarin civil. L'illustre personnage avait fait trois parts de son temps : la plus petite était consacrée aux affaires ; venait ensuite celle qui consistait à entretenir, par une nourriture délicate et abondante, cet embonpoint fleuri qui, chez les Chinois, est une marque de distinction naturelle ; la troisième appartenait aux douces joies de la paternité.

Sing-Tchi était un homme méthodique : aussi n'eût-il pas, pour toute la sagesse et la gloire de *Koung-Tseu*[1] ou de *Meng-Tseu*[2], distrait au profit de l'une de ses différentes occupations une minute du temps réservé à l'autre. Et cependant, combien il dut souvent paraître cruel au mandarin de fuir les tendres caresses, de s'arracher au charmant babil de sa fille *Hoa-Toang* (splendeur d'étoile), pour aller écouter quelque rapport ou accorder ensemble deux fripons, lorsque, bien entendu, la division qu'il avait faite de son existence le lui commandait ; autrement, la ville entière eût pu brûler, les habitants s'entre-tuer sans qu'il bougeât ou s'émût plus que les petits lions en porcelaine rose du Japon ou les oiseaux en faïence verte qui ornaient son appartement. Nous le répétons donc à la louange de *Sing-Tchi*, les douceurs qu'il trouvait dans la société d'*Hoa-Toang* ne lui avaient jamais fait oublier ni les devoirs de sa charge, ni l'heure des repas, dont la régulière périodicité ajoutait chaque jour à la dignité physique du fonctionnaire chinois.

Il n'est que bien rarement permis aux femmes du Céleste Empire

[1] Koung-Tseu ou Confucius, un des plus grands philosophes chinois.
[2] Autre philosophe que les Chinois admirent presque autant que Confucius.

de quitter leur demeure, aussi *Hoa-Toang*, qui avait perdu sa mère, c'est-à-dire la plus chère et presque l'unique compagne qu'elle pût avoir, eût-elle trouvé parfois la maison paternelle bien déserte et bien triste, si la bonne déesse *Huan-Yin* n'eût envoyé à la jeune fille une insatiable admiration, un inépuisable amour pour les fleurs. Or, le jardin du mandarin était un des plus beaux et des plus vastes de Macao ; il renfermait un charmant enclos où *Hoa-Toang* se rendait chaque jour et passait sans ennui ses plus longues heures de solitude.

Là, l'air était embaumé par la plus magnifique collection de fleurs qui se pût voir. Parmi toutes les espèces de plantes réunies en cet endroit, l'une d'elles se faisait remarquer par les envahissements d'une famille nombreuse et variée. A celle-là, l'on avait sans cesse et libéralement accordé la meilleure part de terrain et de soleil.

Cette plante ou plutôt cette reine dont la dynastie usurpait ainsi l'espace et la chaleur céleste, c'était la rose du Japon ou *tsubaki*.

Nous demandons pardon à nos lecteurs d'ouvrir ici une parenthèse pour leur rappeler que c'est à un jésuite, le père *Camelli*, que nous devons l'avantage de posséder en Europe de nombreux rejetons de l'illustre famille des *tsubaki*. Telle est l'origine du nom de *camélia*, sous lequel nous connaissons la rose du Japon. Reprenons notre récit :

Bien qu'*Hoa-Toang* n'eût laissé manquer de soins aucune des fleurs composant son riche parterre, bien qu'elle ressentît pour chaque espèce de plantes une constante admiration, elle ne pouvait cependant se défendre d'une prédilection réelle et marquée pour ses roses du Japon. Elles recueillaient les premiers et les derniers regards de la fille du mandarin, de même qu'elles se réchauffaient aux premiers rayons du soleil et s'endormaient sous ses derniers feux.

Un jour qu'*Hoa-Toang* passait lentement au milieu des fleurs, en se balançant sur ses petits pieds comme une autre fleur agitée par le vent, elle entendit au-dessus de sa tête le bruit de trois ou quatre soupirs. Ayant levé les yeux, elle aperçut à une fenêtre nouvellement percée dans le mur qui bordait le jardin de ce côté, elle aperçut, disons-nous, la figure triangulaire d'un jeune Chinois sur les traits duquel se peignait la plus vive émotion et dont les yeux brillaient comme deux boutons de cristal.

La première pensée d'*Hoa-Toang* fut de s'éloigner aussi vite que le lui permettrait la mutilation qui ajoutait à ses attraits personnels [1]; mais grâce à une intuition particulière aux demoiselles chinoises, elle avait deviné que le curieux était un jeune *lettré* avec lequel elle savait (toujours grâce à cette intuition particulière aux demoiselles chinoises, car on ne le lui avait jamais dit) que le mandarin *Sing-Tchi* avait résolu de l'unir. Alors, elle pensa qu'il n'y avait pas grand mal à ce que son fiancé la contemplât du haut d'une muraille. D'ailleurs, il pouvait arriver que celui-ci se plût à paraître chaque jour à la fenêtre : fallait-il qu'*Hoa-Toang* s'exilât du jardin? car s'il était convenable de fuir une fois, il y avait nécessité de le faire toujours. Heureusement, cette nécessité n'était nullement démontrée à la fille du mandarin, pas plus pour le présent que pour le temps à venir : aussi, feignant de n'avoir ni entendu les soupirs, ni remarqué la face jaune du *lettré*, continua-t-elle à s'occuper avec bonheur et amour de ses chers camélias.

Ainsi qu'*Hoa-Toang* en avait eu le pressentiment, *So-y-Fo*—c'était le nom du jeune *lettré*—vint le lendemain et les jours suivants reprendre son poste d'observation, d'où il poussait un nombre de soupirs égal à la quantité de clous d'or qui brillent au ciel par une belle nuit. La rusée Chinoise continua à tenir les oreilles fermées et ne paraissait pas même avoir pris garde à la présence de l'amoureux asiatique, quoiqu'elle se fût assurée plus de cent fois que son futur mari était fort joli garçon. Les jeunes

[1] Les Chinois trouvent beaucoup de grâce dans la démarche vacillante des femmes, auxquelles la mutilation des pieds donne un air de faiblesse et de souffrance.

filles du Céleste Empire tiennent, en effet, de la nature une ruse, une adresse, et une curiosité tout-à-fait inconnues en Europe, comme vous le savez bien.

So-y-Fo pouvait véritablement passer pour un beau cavalier... chinois. Il était petit de taille, obèse et trapu. Sa tête formait un cône presque parfait et ses yeux petits, bridés et obliques figuraient assez bien avec la ligne droite des sourcils un triangle isocèle dont la base d'un nez épaté eût été le sommet. En un mot, le *lettré* avait une fort belle figure... de géométrie.

Notre amoureux, qui connaissait ses avantages physiques et était un peu fat, se dépitait en voyant le peu d'attention qu'il recueillait. Au bout de quelque temps, son dépit se changea en chagrin, et un voile de tristesse couvrit le visage de l'infortuné soupirant. Retenu par le respect, *So-y-Fo* n'osa cependant faire entendre aucune plainte.

Le désespoir du *lettré* n'échappa point au regard adroit et clairvoyant d'*Hoa-Toang*. Ce chagrin muet donnait à la jeune fille la preuve d'une tendresse et d'une patience qui lui plaisaient infiniment. Elle s'amusa malicieusement à la prolonger en ne se montrant préoccupée que de ses beaux camélias. Au reste, la peine de *So-y-Fo* ne devait pas durer bien longtemps encore, car le mandarin avait fait pressentir à *Hoa-Toang* l'intention de la marier avant peu. Celle-ci, en fille soumise et qui est enchantée d'obéir, avait répondu qu'elle se conformerait aveuglément aux désirs de son père.

Hoa-Toang se dirigeait un matin vers son parterre, lorsqu'un spectacle étrange, affreux, le frappa de stupeur. Un homme, armé d'un bambou, parcourait les plates-bandes et brisait, abattait les plus belles fleurs. La rage de ce forcené se portait de préférence sur les camélias, dont la plupart gisaient déjà à terre.

La fille de *Sing-Tchi* demeura un moment tremblante, muette, éperdue, puis, enfin, poussa un cri de désespoir qui fit sortir de la maison un serviteur du mandarin. Un geste, un mot d'*Hoa-Toang* mirent le domestique au courant de ce qui se passait. Il s'élança courageusement vers l'homme au terrible bambou et parvint sans trop de peine à le terrasser.

La jeune Chinoise arriva bientôt elle-même sur le théâtre de la lutte, et son étonnement n'eût pu se comparer qu'à sa colère, lorsqu'elle reconnut dans le vaincu le timide *lettré So-y-Fo.*

Ce dernier, loin de témoigner le moindre embarras, le plus léger repentir, souriait d'un air béat en faisant clignoter ses petits yeux. Aux quelques paroles qu'il prononça il fut aisé de s'apercevoir qu'il n'avait plus toute sa raison. Il prétendit, entre autres choses assez extravagantes, qu'un puissant génie l'avait apporté jusque dans le parterre. Une corde à nœuds, flottant à la fenêtre où se montrait quotidiennement le *lettré*, prouvait suffisamment le contraire de cette fable.

Hoa-Toang pensa que le chagrin avait rendu fou le sensible *So-y-Fo*, qui paraissait maintenant disposé à s'endormir. Elle ordonna au serviteur de le déposer sur un banc de mousse. Il fallait attendre le retour du mandarin, appelé dans la ville pour quelques affaires, afin d'aviser aux moyens de ramener *So-y-Fo* chez lui sans faire naître de scandale.

Le soleil atteignit le milieu de sa course pendant qu'*Hoa-Toang* se livrait aux remords les plus cuisants et déplorait trop tard les suites de sa coquetterie. *So-y-Fo*, gardé à vue par le serviteur, commença à sortir peu à peu de la léthargie dans laquelle il était demeuré plongé.

Le Chinois regarda autour de lui d'un air étonné, vit le parterre ravagé, ses yeux rencontrèrent la figure triste et inquiète d'*Hoa-Toang*, et il murmura d'une voix encore mal affermie :

« Oui, je me souviens ; je me suis vengé ; j'ai été heureux... Plus de chagrin, maintenant... le bonheur, toujours... »

Le *lettré* tira de sa ceinture une espèce de bonbonnière où il se disposa à puiser une substance en pâte.

Hoa-Toang crut qu'il voulait s'empoisonner. Elle était près de lui, de la main elle renversa la boîte.

—Que faites-vous, *So-y-Fo?* dit-elle.

—Oh ! répondit le *lettré*, je veux chasser votre présence de mon esprit et de mon cœur. Vous avez été méchante et m'avez rendu malheureux... Vous avez prodigué devant moi tout votre amour aux *tsubaki*, me refusant un sourire de commisération. J'étais triste à mourir, mais les hommes barbares[1] m'ont vendu un philtre qu'ils appellent *opium*. Il rend méchant les bons et heureux les infortunés... Aussitôt que j'en eus pris, moi, qui étais doux, je suis devenu cruel à mes ennemis, et j'ai brisé, dispersé, anéanti les *tsubaki*, dont j'étais jaloux, qui me raillaient tout-à-l'heure, ces *tsubaki* que vous aimiez plutôt que moi. Après avoir fait cela je me suis trouvé heureux... Oui, oui, le bonheur toujours maintenant !

—Mais, s'écria *Hoa-Toang*, je ne veux pas d'un époux qui demande le bonheur à de pareils philtres!

So-y-Fo fit une grimace qui, en Chine, équivaut à un éclat de rire, et il ajouta :

— Si tous les fils du Céleste Empire voulaient me croire, ils ne prendraient plus de femmes et ils chasseraient l'amitié qu'ils ont pour leurs fiancées avec les philtres des hommes barbares... Ils m'en vendront tant que je voudrai, et je serai heureux toujours... en vous oubliant, *Hoa-Toang!*

Alors *So-y-Fo*, déployant une agilité dont on ne l'eût pas jugé capable, se suspendit à la corde qui sortait de la fenêtre du mur et rentra dans sa maison par ce chemin flottant.

Quand le jeune Chinois eut disparu, deux ou trois larmes vinrent diamanter les paupières d'*Hoa-Toang :* elle aimait le *lettré*. Tout-à-coup la fille du mandarin releva la tête avec un geste d'orgueil et laissa tomber ces mots :

« *So-y-Fo*, je veux que tu viennes, avant que le soleil se soit levé trois fois, supplier mon père de me donner à toi pour femme, et m'implorer avec humilité pour que je te pardonne. »

[1] Dans beaucoup de parties de l'Asie les Orientaux désignent ainsi les Anglais et généralement tous les Européens.

. . . .

Trois jours après celui où avait eu lieu ce petit drame intime, toute la partie chinoise de la ville de Macao était en émoi. Le mandarin *Sing-Tchi* venait de notifier aux Anglais qu'il était résolu à faire exécuter rigoureusement l'ordonnance de l'empereur *Mian-Ning*, laquelle ordonnance interdisait l'entrée de l'opium dans le Céleste Empire. Des peines sévères devaient être appliquées à tout Chinois qui contreviendrait au décret impérial en achetant ou colportant le narcotique dont il était défendu de faire usage. L'initiative prise par *Sing-Tchi* piqua d'honneur le mandarin de Canton, qui fit proclamer la même prohibition.

Ce fut alors que les Anglais menacèrent la Chine de leurs boulets et que les habitants du Céleste Empire songèrent à repeindre leurs boucliers. Une guerre longue et sanglante devait peut-être surgir de la décision prise par le mandarin *Sing-Tchi*.

Mais qu'importait ! L'amour était rentré dans le cœur du *lettré So-y-Fo* en même temps que l'opium se trouvait proscrit de la Chine, et le mariage d'*Hoa-Toang* venait d'être conclu.

MERCEDÈS

TROIS années s'étaient écoulées depuis que les habitants du village de Riswalt, situé à une courte distance de Perpignan, avaient conduit au champ du repos Catherine Roland, veuve d'Étienne Roland, un des ouvriers les plus renommés du pays, dans le travail de l'extraction du marbre.

Les femmes du canton avaient accompagné à sa dernière demeure le corps de Catherine, et, quand il fut descendu au fond de la fosse, il tomba de tous côtés, suivant la coutume de la contrée, une pluie de petites et de grandes lettres cachetées, que les spectateurs, confiants dans cette antique coutume locale, avaient écrites à leurs parents décédés, et que le dernier défunt en quittant la vie était chargé par eux de porter à destination.

Cette façon naïve et primitive d'adresser des adieux et de témoigner ainsi son affection à ceux qui ne sont plus se nomme dans l'ancienne Catalogne française la *poste des trépassés*, et elle est en usage au sein des vallées qui forment le premier plan de la base du mont Canigou.

Un grand nombre de coutumes qui font sourire les gens des villes existent encore pour ces régions où la poésie sans culture, ne relevant que de l'imagination, éprouve un tel besoin d'aliment, qu'elle se réfugie dans la superstition, plutôt que de jeûner.

C'est au milieu de ces populations qu'on retrouve dans toute sa sève l'institution de la *garonade*.

Le mot *garonade*, en langue catalane, répond au nom de *souci*, donné par nous à une fleur assez commune dans les jardins, où elle est peu fêtée, sans doute à cause de l'odeur forte et désagréable qu'elle laisse aux doigts. La garonade ou souci des Pyrénées, dont l'exhalaison est plus douce, a joué et joue un grand rôle dans les mœurs de ces contrées. On a fait de cette fleur un signe de guerre entre les fiancés. Un souci placé dans les cheveux d'une jeune fille qui paraît le dimanche à la danse signifie que la promesse qu'elle avait faite de sa main à un garçon de la contrée est annulée, soit par l'effet de sa propre volonté, soit par des circonstances que la famille a pu reconnaître et apprécier.

Le garçon qui renonce à la foi promise, par légèreté ou par raison, met le souci à son chapeau les jours de fête du village, et cette cocarde naturelle apprend aux jeunes filles qu'elles peuvent prétendre au cœur qui vient de se rendre libre.

Cette coutume assez bizarre n'a pas seulement été observée par la classe populaire. On a vu, dans les temps reculés, de hauts seigneurs, de grandes dames, et même des ménestrels, arborer le souci et proclamer ainsi que d'illustres alliances projetées ou consenties étaient rompues.

L'histoire de la *poste des trépassés* et celle de la *garonade* sont des jalons traditionnels dont l'un servira de point de départ aux événements que nous avons à raconter et dont l'autre aidera à l'intelligence des faits.

Roland, le tireur de marbre, et sa femme, avaient laissé dans le monde, en mourant, deux enfants nés de leur mariage : Marianne et Mercédès.

Marianne avait quatorze ans quand elle devint orpheline. Mercédès comptait deux années de plus que sa sœur. Toutes deux s'aimaient avec la plus vive cordialité, toutes deux avaient trouvé une ressource dans le travail, et chacune, presque au même moment s'était dit à elle-même, sans en faire confidence à sa sœur, qu'elle serait volontiers la femme d'Urbain Micher, le fils du propriétaire de l'*olivette*[1] dont la clôture faisait la limite de la petite habitation qu'il possédait.

De son côté, Urbain, bon travailleur, économe, rangé, avait quelquefois pensé à choisir pour femme une jeune fille ayant toutes les qualités d'une bonne ménagère. Son père, à cet égard, laissait libre la volonté du jeune homme ; et si le choix d'Urbain n'avait pas encore été fait, c'est que lorsqu'il comparait les mérites de ses deux jeunes voisines, il était tellement embarrassé de savoir à laquelle des deux il devait une plus large part de respect et d'affection, qu'il n'avait jamais pu se décider en faveur de l'une aux dépens de l'autre.

Urbain avait cherché à rendre son père juge dans cette question délicate ; il lui demandait conseil. Mais le cultivateur d'oliviers se contentait de sourire au lieu de répondre, ou bien il répondait : « Entre deux bonnes olives, garçon, le choix n'est pas plus difficile à faire que celui qui t'embarrasse. Le meilleur moyen, c'est de prendre au hasard. »

Le conseil du père Micher fut-il suivi par son fils, ou bien Urbain éprouva-t-il à son insu un sentiment plus vif pour l'une des orphelines que pour l'autre? Bientôt Mercédès apprit de la bouche d'Urbain qu'elle était sa préférée... La jeune fille, heureuse de cet aveu, prit sa sœur pour première confidente.

Marianne reçut la communication avec une joie affectée ; mais quand elle fut seule et qu'elle put donner carrière à sa pensée, elle

1 Champ d'oliviers.

s'interrogea; l'examen de son cœur ne fut pas long. Elle s'avoua avec une douleur amère qu'elle aimait Urbain...; mais par affection pour sa sœur elle se promit d'étouffer cette voix mystérieuse qui depuis longtemps lui avait dit : « C'est toi qui seras la compagne du fils de M. Micher. »

Aussitôt que le père d'Urbain sut les intentions de son fils, il alla trouver le tuteur de l'orpheline et les accords furent bientôt faits. Partout dans le pays on répéta : « Le fils du propriétaire de l'olivette des trois rochers est le *promis* de Mercédès. »

Marianne avait tenté de vains efforts pour imposer silence au souvenir de son espoir trompé : une tristesse qu'aucune attention de Mercédès ne put vaincre, un découragement qui éloignait du travail celle qui naguère le recherchait non-seulement comme un moyen d'existence mais comme un plaisir plein d'attrait, des désirs continuels de déplacement et de voyage que manifestait la malade, tout enfin contribua à ouvrir les yeux à Mercédès... Elle pesa dans sa mémoire quelques paroles de sa sœur auxquelles elle n'avait pas donné leur véritable sens, et elle ne tarda pas à avoir la conviction profonde qu'elle rendait sa sœur victime en se mariant avec Urbain.

La fête du pays arriva, et elle promettait d'être plus gaie que jamais. Urbain vint, comme cela se pratique dans la montagne, faire ses offres de conduite à sa fiancée, pour le jour où l'on chômait au son du violon le saint patron de la contrée.

—Marianne est souffrante, dit Mercédès, je ne veux pas danser sans elle; mais si je puis la décider à m'accompagner, j'accepterai votre bras, monsieur Urbain.

Mercédès questionna sa sœur, espérant que depuis quelques jours elle aurait pu reprendre un peu de courage. Elle la trouva plus décidée que jamais à n'accepter aucune consolation, et la vit en proie à un abattement qui pouvait devenir fatal peut-être.

Urbain revint le jour de la fête de Riswalt. Mercédès accueillit son fiancé avec une douce gaîté qui le charma, et, revenue sur sa résolution, elle partit pour la danse, se mêla aux bandes rieuses des jeunes filles. Bientôt le signal du pas redoublé, qui est la danse populaire de ces contrées, est donné, les *juglars* ou ménétriers des montagnes font résonner les airs les plus électriques sur le hautbois, que le tambourin accompagne; chacun se livre à l'entrain que cette harmonie un peu sauvage communique aux masses des campagnards, quand tout à coup un cri de surprise générale s'élève : tous les danseurs portent les yeux vers Mercédès qui danse avec Urbain. D'un geste rapide qui a échappé à tout le monde, elle a porté la main au coquet bonnet de dentelles qui pare sa tête et elle a fixé avec une épingle, sur le côté gauche, une fleur de souci.

Urbain a vu le signe fatal que vient d'arborer sa fiancée; il ne peut croire à cette rupture du pacte de tendresse passé entre la jeune fille et lui; il demande à Mercédès de s'expliquer; il ne comprend pas ce qui a pu motiver une résolution aussi imprévue et que rien ne saurait justifier à ses yeux.

La jeune fille garde le silence, montre un calme qu'elle n'a pas, en accomplissant jusqu'au dénouement le cérémonial d'usage en pareille circonstance : elle élève la main vers la fleur, la touche trois fois du doigt, afin de faire comprendre à tous que c'est par une résolution bien arrêtée, et après réflexion, qu'elle accomplit en leur présence un dessein sérieux.

Urbain trouve de la force dans son amour-propre cruellement froissé. Il s'éloigne, et la jeune fille, qui avait épuisé tout courage dans cette lutte entre son devoir de sœur et son affection de fiancée, revient avec précipitation au village, se jette au-devant de Marianne et, présentant à sa vue la garonade, triste ornement de sa coiffure, elle tombe épuisée dans les bras de celle-ci, l'embrasse et s'évanouit. L'acte de dévouement était accompli, l'œuvre du martyre commençait.

Quelques années se passèrent; le temps semblait avoir cicatrisé les plaies du cœur que cet incident avait ouvertes. Urbain avait connu le motif du refus de Mercédès, et son estime s'était accrue pour la jeune fille qui avait accompli le sacrifice. Mais il ne parlait plus de mariage et il disait à qui voulait l'entendre que jamais il ne sortirait du célibat. Plusieurs fois Mercédès fit de vains efforts pour détourner le jeune homme de cette résolution. Elle lui montra les filles de la contrée dont toutes seraient heureuses d'un choix qui les honorerait ; elle-même, ajoutait-elle, se trouverait satisfaite de voir Urbain reporter sur une autre la tendresse qu'elle avait pu, sans être coupable, refuser de récompenser. Urbain répondait par un refus; l'estime de Mercédès, dont il honorait le dévouement, suffisait désormais, répliquait-il, à l'ambition de son cœur.

Marianne aussi avait appris ou plutôt avait deviné le motif de la rupture entre Urbain et Mercédès, qui niait la cause réelle de cet événement. Sa tendresse pour celle-ci s'était élevée au plus haut point ; elle cherchait à la lui prouver par tous les moyens en son pouvoir, lorsqu'un incident fatal vint mettre un terme aux témoignages de cette vive affection.

Une sorte de langueur, que rien ne put détourner ni distraire, s'empara tout à coup de Marianne... Son intelligence s'affaiblit sensiblement, elle devint incapable d'aucun soin dans le ménage ; des pensées bizarres, des paroles sans suite, témoignèrent du dérangement de ses facultés, et bientôt on nomma dans le pays, on désigna la jeune fille sous le nom de *la folle*. Un jour elle disparut, et, après bien des recherches, Mercédès découvrit que sa sœur avait été recueillie par un vieux prêtre de la contrée, qui avait des connaissances étendues en médecine et qui, ne pouvant rien espérer de l'art en faveur de sa protégée, priait Dieu pour elle et lui donnait tous les soins de la charité.

Deux ans écoulés, l'état de la folle ne s'était pas amélioré. Des revers atteignirent aussi Mercédès. Pendant plusieurs mois le travail qui lui donnait des moyens d'existence vint à manquer; ouvrière employée à la fabrication des chaudes étoffes dont on fait usage dans les montagnes, elle vit son industrie frappée de mort par l'adoption d'une mécanique, qui rendit inutiles les travaux de la classe à laquelle appartenait la jeune fille. Mercédès se résigna à ce malheur qui atteignait quelques-uns, pour l'avantage d'un grand nombre. Elle comprit les effets de la loi du progrès, et elle se dit : « Je souffrirai de ce changement, mais les pauvres gens y gagneront des costumes chauds à un prix moins élevé que celui qu'ils payaient. J'appliquerai mon zèle et mon intelligence à une autre œuvre. Ce n'est qu'un moment d'attente et d'apprentissage à passer. »

L'attente fut plus longue que la jeune fille ne l'avait supposé. La pauvreté se fit sentir et mit en défaut toutes les précautions de l'économie.

Urbain connut la position de la jeune fille; il en parla à son père, et celui-ci, appréciant le caractère de celle qui avait dû devenir la femme de son fils, ne trouvait d'autre moyen de venir en aide à la pauvre enfant que de renouer le mariage qui avait été rompu... La négociation n'était pas facile. Cependant l'état de santé de Marianne, son manque de raison, qui ne permettait plus à ses idées d'autrefois de suivre leur cours, et qui devait la faire regarder comme insensible à ce qui pourrait réveiller en elle l'affection pour laquelle sa sœur s'était si noblement sacrifiée, tout enfin concourait à seconder les intentions du père d'Urbain. Ce digne vieillard chercha un auxiliaire dans la personne du vénérable prêtre qui donnait asile à Marianne : il le chargea de lever les honnêtes scrupules de Mercédès, et de son côté, le brave père Micher entreprit de lui démontrer que son mariage était un moyen d'offrir elle-même à sa sœur un asile qu'un autre lui accordait, et des soins qui lui étaient donnés ailleurs.

La victoire ne fut pas facilement remportée sur la jeune ouvrière. Il fallut combattre son cœur et sa délicatesse ombrageuse par un grand nombre d'arguments. Il fallut surtout prouver que le retour de sa sœur à la raison était devenu impossible, et Mercédès eut lieu de s'en convaincre dans une visite qu'elle fit à la pauvre folle du presbytère. Aucun espoir de guérison ne pouvait rester.

Mercédès consentit à devenir la femme d'Urbain.

La cérémonie religieuse du mariage s'accomplit dans l'église de

Riswalt, et tout le canton, qui avait été témoin de l'apparition fatale de la fleur de souci, battit des mains en voyant à la place de la garonade le petit rameau blanc d'oranger briller dans les cheveux de la fiancée d'Urbain.

L'affluence des témoins de la fête nuptiale fut nombreuse; elle témoignait du plaisir que ce rapprochement causait à tous ceux qui connaissaient les nouveaux époux.

Quand la cérémonie fut accomplie et que le prêtre eut béni le lien qui unissait Mercédès et Urbain, que le cortége sortit de l'église, au moment où les deux époux franchissaient la dernière marche du saint parvis, le regard de Mercédès se porta vers une jeune fille agenouillée sur les degrés du temple, un voile sur la tête, un rosaire à la main... A ce moment la jeune fille rejeta d'un geste son voile en arrière, elle porta à ses lèvres un grain de rosaire, et avançant une main dans laquelle était placée une brillante fleur de souci, elle fit entendre comme un cri de joie qui alla droit au cœur de Mercédès.

Cette voix était celle de Marianne. La pauvre enfant n'avait jamais perdu la raison, mais son dévouement pour sa sœur lui avait inspiré le rôle de folle, que pendant deux ans elle avait joué avec l'espoir d'amener le résultat qui en ce moment s'accomplissait. Mercédès n'aurait jamais consenti à devenir la femme d'Urbain sans la ruse pieuse qu'inventa sa sœur. On soupçonna le bon curé d'avoir été un peu complice de ce petit drame, qui amena un dénouement heureux, et dont les principaux acteurs existaient encore lors d'un voyage que je fis il y a quelques années dans les Pyrénées. J'assistai à une fête de village, je vis une fleur de souci attachée gaîment au bonnet d'une coquette du village, je demandai l'explication de cet ornement singulier à un médecin du pays, et il me raconta à peu près textuellement ce que je viens à mon tour de redire au lecteur.

Louis Lassalle del.

WILHMINE.

Paris imp. Godard, Q. des Augustins 55

LES MYOSOTIS

OU

LA POUPÉE ALLEMANDE.

I.

M Bolmann, vieux et vénérable pasteur d'une petite ville de l'ancienne Souabe, venait de quitter sa chaire après avoir prononcé une superbe exhortation, et était entré dans l'endroit où il avait l'habitude de reprendre haleine, afin de gagner sans trop de peine le chemin de sa modeste habitation. Le prédicateur vit bientôt paraître une dame et une charmante demoiselle qu'il accueillit avec le plus gracieux et le plus paternel sourire, car il les comptait depuis longtemps au nombre de ses amies.

Mme Midler n'avait pas voulu s'éloigner du temple sans adresser de justes compliments au pasteur et le prier, en outre, d'assister à une petite fête de famille qu'elle donnait le dimanche suivant.

Pendant ce temps, l'un des principaux personnages de notre

histoire, le visage animé, l'œil humide, la respiration gênée, se tenait à demi caché derrière un grand fauteuil et froissait machinalement les pages d'une grosse Bible.

C'était un jeune homme dont l'âge ne devait point dépasser de beaucoup le quatrième lustre, et il avait pour nom Frédéric.

L'état d'agitation dans lequel il était plongé tenait presque du miracle. En effet, ceux qui connaissaient Frédéric n'avaient jamais vu en lui qu'une espèce d'automate, fort gracieux, il est vrai ; instruit, on le disait ; spirituel ou non, on l'ignorait. Bien rose, bien frais, toujours calme, toujours épanoui, il semblait, tout compte fait, et si l'on en exceptait sa piété rigoureuse, ne posséder que des mérites négatifs.

Mme Midler avait un jour appelé Frédéric une jolie poupée ; le mot avait été entendu et le surnom était resté au jeune homme.

Quoi qu'il en fût, le pasteur aimait son filleul tel que le ciel le lui avait donné.

Les visiteurs s'étant éloignés, le vieillard, pressé par un appétit tout mondain, se hâta de quitter le temple. Frédéric suivit son parrain en poussant de tels soupirs que M. Bolmann lui demanda s'il avait l'intention de faire tourner toutes les girouettes. Le jeune homme ne répondit rien ; il se contenta de soupirer moins fort et plus souvent.

Ils atteignirent ainsi leur demeure, où ils trouvèrent la table mise. L'un et l'autre y prirent place aussitôt.

—Mon parrain, interrogea tout à coup Frédéric, est-ce un bien grand péché que de regarder avec plaisir les jeunes filles?

Cette demande, adressée d'une voix précipitée, arrêta à moitié chemin le morceau que M. Bolmann portait à sa bouche ; l'honnête pasteur demeura le coude ployé, les lèvres entr'ouvertes.

—Oui, mon filleul, dit-il enfin, oui, le plaisir que l'on prend à regarder les jeunes filles est un péché énorme.

Le bras de M. Bolmann continua ses fonctions ; mais il semblait, ce jour-là, que le repas du vieillard dût être sans cesse interrompu, car le pasteur s'aperçut presque aussitôt que son filleul pâlissait, et il s'écria avec anxiété :

—Mon cher enfant, te sentirais-tu malade?

—Non, non, mon parrain ; mais votre réponse m'a causé beaucoup de chagrin. Un énorme péché..., un énorme péché..., mon Dieu !

—Allons, allons, calme-toi, continua le pasteur.

—Un péché énorme !

—Eh bien, le péché... n'est peut-être pas aussi gros que je l'ai dit.

—Oh ! si fait; je l'ai bien senti au trouble qu'il m'a causé.

—Je te répète, ajouta M. Bolmann touché de la tristesse de Frédéric, qu'un jeune homme ne commet pas grand mal pour céder un moment à l'admiration de ce que le Seigneur a créé de plus aimable, et que... Bon ! quelles sornettes vais-je te conter là maintenant. Si tu as péché, amende-toi et ne me parle plus de tes sottes visions. Laisse-moi déjeuner.

Frédéric se tut. Mais il ne tarda pas à reprendre :

—Vous m'assurez donc, mon cher parrain, que le ciel ne saurait point s'offenser de l'admiration à laquelle un jeune homme... de mon âge, par exemple, pourrait se laisser entraîner pour une charmante demoiselle?

—Soit, mais j'ajoute cependant qu'une pareille admiration ne doit point dépasser les bornes de la modestie.

—Où s'arrêtent ces bornes, je vous prie?

—Mais... mais à ce que le monde appelle passion... amour.

—Oh ! mon parrain, poursuivit Frédéric en baissant les yeux, je crains bien d'avoir dépassé les bornes.

—Hein ! comment?

—Ne vous fâchez pas, je vous en supplie ; je ne l'ai pas fait exprès. Je vais tout vous raconter et vous m'aiderez à...

—Je ne t'aiderai en rien... Garde tes confidences... Hum! qui l'eût jamais cru, mon Dieu ! Lui qu'on appelait la poupée... la jolie poupée ! hum !

—Alors, mon parrain, continua Frédéric avec une énergie de nature à prouver que la poupée allemande pouvait bien avoir la tête d'un entêté, si vous refusez de m'entendre et de me venir en aide, il ne me reste plus qu'à mourir !

—En voici bien d'une autre !

—Oui, oui, à mourir, et je mourrai !

Le malheureux pasteur laissa tomber ses bras avec désespoir.

Frédéric pleurait. M. Bolmann n'eut pas la force de résister plus longtemps au chagrin du jeune homme. Il consentit à prêter une oreille, rien qu'une seule, aux aveux de son *coquin de filleul.*

Empressons-nous de le dire : l'oreille de M. Bolmann ne courait pas grand danger. Notre jolie poupée avait tout simplement senti, dans sa poitrine de carton, battre un cœur sensible. Ce n'était point un crime que cela; n'est-il pas vrai, mesdames?

Mlle Wilhmine Midier avait opéré ce miracle le plus innocemment du monde.

—Eh bien, reprit le pasteur lorsque son filleul eut cessé de parler, où était la nécessité de m'apprendre que la vue de Wilhmine vous donne des étourdissements, que vous étouffez quand elle approche de vous, et que vous la trouvez la plus agréable personne qui soit sur la terre ?

—Mais, mon parrain, si elle allait choisir un mari parmi les jeunes gens qui sont admis chez sa mère... Elle ignore...

—Ne voudrais-tu point, par hasard, que je lui contasse ton... ta... tes... Ah ! va soupirer dans les champs, si tu veux !

Frédéric se leva ; son maintien indiquait une telle désolation que M. Bolmann se sentit de nouveau ému.

—Où vas-tu? dit-il.

—Je vais soupirer dans les champs, répondit naïvement le jeune homme, puisque vous me chassez.

—Je ne te chasse pas. Voyons, sois raisonnable.

—Je pensais que vous pourriez m'apprendre le moyen d'inspirer à Mlle Wilhmine l'envie de me prendre pour époux et la résolution de n'en accepter aucun si sa mère voulait l'obliger à se marier avec un autre que moi. Voilà tout.

—Voilà tout! vraiment?

—Oui, voilà tout ce que je vous demande.

Malgré le ton de candeur qui accompagnait ces paroles, M. Bolmann ne put réprimer un mouvement de colère, et il s'écria:

—Cela devient trop impertinent! Ne me romps plus la tête avec tes extravagances.

—Vous le voyez bien, il ne me reste plus qu'à mourir.

Frédéric recommença à pleurer et l'excellent vieillard à s'attendrir de plus belle. Il ajouta :

—Finissons-en, pour l'amour du ciel! Tout ce qu'il m'est permis de faire, c'est de sonder les intentions de Mme Midler touchant l'établissement de sa fille. Je sais bien qu'elle a conçu certains projets à cet égard. Peut-être n'y a-t-il encore rien de définitif, et comme je n'ai pas d'autre héritier que toi, il est possible qu'elle t'agrée en qualité de gendre. J'essaierai.

—Ah! mon cher parrain, vous êtes un ange! dit Frédéric qui se précipita dans les bras du pasteur.

—Oh! les anges ne sont pas aussi vieux, repartit M. Bolmann en souriant. Allons, rappelle-toi que tu m'accompagnes dimanche chez Mme Midler.

—Je ne l'oublierai certainement pas.

—J'ai remarqué que tu négligeais beaucoup le soin de ta personne... ta toilette.

—Ma toilette! c'est la première fois que vous m'adressez un semblable reproche.

—Une simple observation, je te prie.

—Je serai désormais moins négligent.

Frédéric s'éloignait; son parrain le rappela :

—Wilhmine aime beaucoup les fleurs, je crois, ajouta-t-il.

—Je n'en sais rien, mon parrain.

—Eh bien, moi, je me suis aperçu qu'un beau bouquet ne déplaisait jamais à une jeune fille.

—Je n'ai point fait attention à cela.

M. Bolmann laissa échapper un geste de dépit et de découragement; il reprit cependant :

—On peut exprimer bien des choses avec les fleurs, et c'est un langage tout trouvé pour les personnes honnêtes et timides.

—Tiens, tiens, tiens! Nous essaierons un jour de converser vous et moi de cette façon-là.

Des gouttes de sueur perlaient sur le front du pasteur, il était à bout de courage et eut à peine la force de tenter un dernier effort.

—On ne s'entretient ainsi, dit-il, qu'avec les dames.

—Ce doit être assez commode pour leurs maris.

—Ou avec les demoiselles que... qui... dont l'aspect occasionne des étouffements.

—Il serait possible!

—Et il y a dans notre jardin assez de fleurs pour composer les bouquets les plus éloquents.

—Ah ! je comprends! je comprends!

Frédéric se frappa le front et s'élança vers le jardin.

« C'est bien heureux ! murmura M. Bolmann. Mon Dieu! eussé-je pensé qu'un jour je prêcherais la coquetterie et catéchiserais un amoureux ! Me voilà une belle besogne sur les bras ! Si, du, moins je puis faire le bonheur de ces deux enfants, le Seigneur me pardonnera, je l'espère. »

II

Quelques jours se sont écoulés. L'arrivée de M. Bolmann au milieu des parents et des amis que Mme Midler avait eu la pensée de réunir chez elle servira d'introduction à notre chapitre deuxième.

Frédéric, frisé, pincé et magnifiquement cravaté, alla présenter sans trop de gaucherie un bouquet à la maîtresse de la maison et demanda la permission d'en offrir un second à Mlle Wilhmine, permission qui lui fut accordée très-volontiers. Le jeune homme s'acquitta de ce nouveau devoir avec beaucoup moins d'assurance, mais de façon toutefois à étonner les personnes qui connaissaient le filleul du pasteur.

On commença depuis ce moment à penser que la poupée pouvait fort bien avoir des ressorts.

Wilhmine rougit en recevant les fleurs que lui avait destinées Frédéric, et cependant il y avait un mois déjà que Mlle Midler était, avec l'autorisation de sa mère, soumise au régime du bouquet quotidien. Chaque matin, un jeune homme, âgé de vingt-huit à trente ans, offrait du bout de ses gants parfumés tantôt des roses, symboles de la beauté ; tantôt des œillets, signifiant tendresse ; un jour des ipomées, qui veulent dire : « Je m'attache à vous ; » le lendemain, du chèvrefeuille qui figure le lien d'une vive tendresse ; offrait, répéterons-nous, un bouquet à la demoiselle, en la priant d'agréer l'hommage d'un cœur dont les fleurs représentaient la constance, la tendresse ou la sincérité.

Ce jeune homme n'était autre que le futur époux de Mlle Midler, et pour le nommer : M. Stephen Rinsbach.

Les priviléges dont jouissait M. Rinsbach, grâce à son titre reconnu d'époux présomptif, n'avaient point trompé le pasteur. Stephen avait déjà dépouillé les manières humbles et doucereuses qui conviennent à un soupirant ordinaire pour prendre le ton à demi superbe d'un prétendu, cet air enfin de protection et de dévouement sous lequel se déguise mal l'orgueil du mari futur, la puissance prochaine du maître.

Ces indices, que l'œil le moins exercé n'aurait pu méconnaître, enlevèrent à M. Bolmann presque tout espoir touchant le dessein qu'il avait conçu en faveur de son filleul. Au reste, me Midler, avec une confiance spontanée, apprit au pasteur que, depuis un mois, la main de Wilhmine avait été promise à M. Rinsbach.

Le plus sage parti à prendre pour le vieillard était de se taire.

Il le comprit, et, craignant de trahir son désappointement, il alla prudemment songer à un nouveau sermon sous les arbres du jardin qui, par son étendue et ses dispositions, offrait à qui voulait la chercher une solitude parfaite.

Le digne homme avait à peine choisi un exorde qu'il vit accourir Frédéric tout joyeux.

—Ah! mon parrain, s'écria ce dernier, si vous saviez!

—Tu me sembles fort satisfait.

—Heureux, ravi, enthousiasmé!

—Allons, tant mieux. Ta bonne humeur est-elle de nature à résister au coup d'une assez fâcheuse nouvelle?

—Si la nouvelle n'a rien qui vous touche de trop près...

—Oh! je suis Dieu merci! à l'abri de semblables atteintes.

—Eh bien, mon parrain, quelque fâcheuse que la nouvelle puisse être, elle me trouvera ferme comme un roc.

—Je le souhaite, mais je crains bien le contraire.

—Rassurez-vous; parlez: je suis un homme!

—Je quitte à l'instant même Mme Midler...

—Il n'y a qu'une minute j'étais auprès de Mlle Wilhmine.

—Cela n'a point le moindre rapport avec ce que je te dis. Cette dame m'a de son propre mouvement appris...

—Wilhmine m'a témoigné une bonté! et elle ne m'a point caché...

—Veux-tu me permettre enfin d'achever?

—Je vous demande pardon de ma vivacité et je vous écoute.

—Mme Midler a choisi pour gendre un M. Stephen Rinsbach...

—Je sais! interrompit encore et très-tranquillement Frédéric, un grand jeune homme qui se teint les moustaches, parce qu'elles sont rouges. Il vaut bien mieux ne point en avoir... comme moi.

—Qui t'a si bien instruit? demanda le pasteur tout étonné de la tranquillité de son filleul.

—C'est Wilhmine qui m'a parlé de ce petit détail... entre autres.

—Entre autres?

—Oui. Nous avons causé pendant plus de deux heures.

—Quoi qu'il en soit, et que M. Rinsbach se teigne les moustaches ou non, il est destiné à devenir l'époux de Mlle Midler.

—Bon! bon! ajouta Frédéric en souriant. C'est bien, bien, bien !

—Ah ça, que signifient tes sourires, et qu'entends-tu par tes bon! et tes bien?

—Oh! rien du tout... Tra la la la la... tra, tra la la!

Frédéric se mit à repasser la première leçon de danse qu'il avait prise la veille même.

L'excellent M. Bolmann demeura un instant sans pouvoir résoudre la question de savoir si c'était lui-même ou son neveu qui était devenu fou. Il reprit en frémissant :

—As-tu perdu l'esprit, Frédéric?

—Je l'ignore; mais c'est une bien douce folie qui m'est venue avec le bonheur, car je tiens de la bouche même de Wilhmine l'assurance qu'elle n'aura jamais de mari si ce n'est moi.

—Voici bien du nouveau! Me trompais-tu donc lorsque tu m'assurais que Mlle Midler ne connaissait rien de tes folles imaginations.

—Je disais la vérité. Mais depuis ce temps-là, mon cher parrain, j'ai profité de vos leçons sur la botanique.

—Ah! malheureux et imprudent que je suis!

—Vous aviez bien raison. Quel langage éloquent que celui des fleurs! Aussi j'ai eu grand'peur en voyant les magnifiques bouquets que M. Rinsbach achète pour Wilhmine. Comment ai-je pu l'emporter sur lui, moi qui, pour éviter toute erreur, n'ai envoyé à Mlle Midler que d'humbles *vergiss-mein-nicht*[1]? Mais Dieu le sait! je faisais quelquefois trois lieues pour découvrir les plus beaux. Le matin, en se levant, elle en trouvait sur sa fenêtre : j'étais allé déjà au loin les cueillir tout humides de rosée; le

[1] Traduction : *Ne m'oubliez pas*. C'est la plante que nous appelons *Myosotis*. On la trouve sur le bord des eaux et des marais. Les fleurs sont d'un bleu céleste en épis contournés, petites, bien ouvertes. Ainsi que l'indique le nom allemand, le myosotis est le symbole d'un doux souvenir, parce qu'il se conserve comme la pensée.

soir, avant de fermer ses rideaux, une nouvelle moisson de *vergiss-mein-nicht*, disputés aux brûlants rayons du soleil, tombait aux pieds de Wilhmine. Enfin, aujourd'hui seulement, j'ai osé parler à Mlle Midler de mes espérances...

—Tu as osé...

—Oui, j'ai osé... en tremblant. Elle m'a répondu d'une voix presque aussi faible que la mienne : « Monsieur Frédéric, si j'avais été plus tôt assurée de vos véritables sentiments, je n'eusse point accepté pour fiancé un homme que je connais à peine et qui m'apporte des fleurs dont les tiges sont des allumettes ou des fils de fer, tandis que j'ai eu cent fois l'occasion d'apprécier en vous des qualités remarquables et...

—Ta ta ta ! Vous êtes un sot, mon filleul, et Mlle Wilhmine s'est, avec raison, moquée de vous.

—Mais, mon parrain, je vous assure...

—Et moi je vous apprends, puisque vous l'ignorez, qu'une jeune personne ne doit et ne peut remarquer les qualités de personne autre que l'homme dont elle est appelée à devenir la compagne.

—C'est une injustice épouvantable !

—C'est... c'est parfaitement raisonnable, et quant à vous, monsieur mon filleul, qui voulez vous mêler de discuter ce qui ne vous regarde pas...

—Mais au contraire, puisque...

—Taisez-vous ! Sachez que je vous ordonne, s'il le faut et sous peine de péché mortel, d'oublier Mlle Wilhmine. D'ailleurs, j'aurai soin que vous ne vous rencontriez plus à l'avenir avec elle.

Frédéric, accablé par cette sévère remontrance, baissa tristement la tête et s'éloigna d'un air contrit.

« Allons, se dit M. Bolmann en essuyant une larme, il fallait couper le mal dans sa racine ! Pauvre garçon ! je ne l'ai point ménagé. Et cette petite... ah ! ah ! il paraît que l'on a des secrets pour ce bon M. Bolmann et pour la maman chérie, auxquels on dit tout. Hon ! excepté ce que l'on garde pour soi. Hon !... »

Le digne pasteur n'était pas à bout de peines ainsi qu'il l'espérait.

Frédéric reparut tout à coup tenant Wilhmine par la main. La jeune fille se laissait conduire et cachait bien certainement sa confusion sous le riche mouchoir dont elle se couvrait le visage.

L'apparition de Belzébuth armé de sa fourche eût moins effrayé M. Bolmann que l'arrivée des deux jeunes gens. L'infortuné vieillard pressentit de nouvelles tribulations ; il songea sérieusement à prendre la fuite.

M. Bolmann n'avait pas eu le temps de gagner le large : Frédéric et Wilhmine se trouvaient à ses côtés avant qu'il eût fait un pas.

—Wilhmine, répétait le jeune homme, je vous en prie, dites vous-même à mon parrain que vous ne vous moquiez point de moi, lorsque vous m'assuriez qu'il vous serait plus agréable de m'avoir pour époux, que d'abandonner votre main à ce monsieur qui se teint les moustaches et que vous ne l'aimerez jamais.

—Je ne veux rien savoir, s'écria le pasteur.

Et il essaya de s'éloigner.

Frédéric reprit avec une dignité triste :

—Mademoiselle, s'il est vrai que vous vous soyez fait un jeu de mon repos et de ma crédulité, vous pouvez l'avouer franchement ; je ne me plaindrai pas.

La réponse de Wilhmine, en supposant que la jolie demoiselle ait répondu, se perdit dans les plis du mouchoir.

M. Bolmann avait fini par se résoudre à présenter bravement le front à l'orage. Il prit donc entre les siennes la main que tenait Frédéric.

—Ma chère enfant, dit-il à Mlle Midler, je ne saurais ajouter foi aux paroles de cet étourdi. Parlez-moi sincèrement, courageusement même : éprouvez-vous quelque déplaisir à épouser M. Rinsbach?

—Il y a huit jours, cela m'était indifférent.

—Et maintenant?

—Oh! maintenant, je souhaiterais de tout mon cœur que M. Stephen cherchât une autre femme.

— Vous vous étiez cependant soumise, sans regrets, aux intentions, aux désirs de votre mère.

—Oui, certainement. Elle m'avait assuré que pour faire mon entrée dans le monde, il me fallait un protecteur, un guide, un époux enfin. Je désirais beaucoup connaître ce monde dont l'image séduisante s'était bien des fois présentée à mon esprit, et comme ma mère affirmait que M. Rinsbach serait pour moi un protecteur convenable, un guide complaisant, je consentis au mariage que l'on me proposait. Mais je n'avais pas prévu...

—Quoi? achevez.

—Que ce monsieur me donnerait des bouquets dont les fleurs tiennent à des fils de fer et à des brins de bois sec.

—Oh! oh! après un pareil acte, dit M. Bolmann un peu interdit, je n'ose plus embrasser la défense de M. Stephen; je ne connais rien de plus criminel!

—Ensuite, depuis que M. Frédéric m'a fait comprendre ses souhaits au moyen des fleurs qu'il m'offrait...

« Une belle idée que je lui ai inspirée là, murmura M. Bolmann entre ses dents. »

—Il m'a semblé, poursuivit Wilhmine, que je haïssais M. Stephen.

—Ah! que vous êtes bonne, souffla Frédéric à l'oreille de la jeune fille.

—Était-ce ma faute, cher monsieur Bolmann, continua celle-ci, si les petits *vergiss-mein-nicht* se fanaient moins vite que les beaux bouquets, si les fleurettes me paraissaient plus sincères que les brillantes fleurs; les unes coûtaient plus d'argent, les autres plus de dévouement. Oh! tenez, je serai malheureuse si j'épouse M. Stephen.

Wilhmine étouffa ces dernières paroles sous le masque de batiste dont elle se couvrit de nouveau la figure. Puis elle se laissa doucement glisser aux genoux de son vieil ami. Frédéric, de son côté, exécuta le même mouvement.

M. Bolmann, attendri, s'empressa de les relever.

—Allons, mes enfants, dit-il, puisque j'ai fait le mal, je dois essayer de le réparer. Plaise à Dieu que je puisse réussir!

Frédéric sauta au cou du pasteur en s'écriant :

—Vous réussirez, mon parrain, vous réussirez !

—Et vous aurez accompli la tâche du père le plus tendre, ajouta Mlle Midler qui posa ses lèvres sur la main de M. Bolmann.

Celui-ci se mit à marcher et exprima à demi-voix ces réflexions :

« Je connais assez la délicatesse de Mme Midler pour être certain qu'elle ne retirera point sa parole sans un motif très-grave. Il serait, d'autre part, insensé d'espérer que M. Rinsbach veuille bien, à ma prière, abandonner de très-justes prétentions.

—Oh! si je pouvais donner aux pauvres la moitié de ma dot, dit Wilhmine, je suis presque sûre qu'il renoncerait à ses droits.

Cette observation frappa sans doute l'esprit du pasteur; il réfléchit pendant quelques moments et reprit :

—Laissez-moi, mes enfants, retournez auprès de Mme Midler.

Une heure plus tard, M. Bolmann, la mine allongée, l'œil triste, la tête basse, franchissait la porte du salon d'où, seul de tous les invités de Mme Midler, Stephen avait disparu.

—Faut-il espérer, mon parrain? demanda tout bas Frédéric.

M. Bolmann répondit par un gros soupir.

Un domestique vint au même moment remettre un billet à Mme Midler. Elle comprit que le domestique n'avait osé agir ainsi que d'après un ordre formel, et l'amie du pasteur passa dans une autre pièce, afin d'ouvrir la missive.

Dès les premiers mots que lut Mme Midler, le rouge lui monta au front, et après avoir rapidement parcouru le billet, elle le froissa avec indignation.

« C'est là, répétait-elle, un procédé indigne d'un galant homme, et cette conduite ressemble à un outrage. Je veux sur l'heure obtenir une explication plus complète. »

En se retournant pour sortir, Mme Midler aperçut le pasteur qui fermait la porte. Cette précaution prise contre les importuns, celui-ci désigna un siége à la mère de Wilhmine et se mit lui-même en possession d'un fauteuil.

—Vous paraissez bien émue, mon amie? commença le vieillard.

—On le serait à moins. Tenez, voulez-vous prendre connaissance de cet impertinent billet?

Le pasteur tendit vers l'épître une main tremblante et lut à haute voix :

« Madame,

« Nul ne déplorera autant que moi le fatal événement qui vient
« d'ébranler la fortune de mademoiselle votre fille. Je regrette
« de ne pas être assez riche pour assurer à cette aimable enfant
« la position élevée qui seule convient à son éducation, à son
« talent, à sa beauté. Ce bonheur, je n'en doute point, est réservé
« à un plus heureux. La voix du devoir étouffe en mon esprit le
« cri de l'égoïsme, les conseils d'un cœur fortement épris, et je
« vous rends avec chagrin une parole dont je ne saurais me pré-
« valoir contre les propres intérêts de votre adorable fille.

« Je vous prie de vouloir bien agréer les regrets ainsi que les
« adieux de votre respectueux et dévoué serviteur,

« STEPHEN RINSBACH. »

—Que d'hypocrisie! continua Mme Midler. A quel homme allais-je confier le sort de mon enfant!

Le pasteur bégaya sentencieusement :

—Le plus hypocrite n'est pas toujours celui qu'on pense.

—M. Rinsbach était libre de changer d'avis, mais il eût pu choisir un prétexte plus vraisemblable.

—Ce n'est point de sa part un prétexte, mais une erreur grossière. M. Stephen croit que Mlle Wilhmine Midler vient de perdre les deux tiers de la dot qu'elle possédait.

—Rien au monde n'a pu justifier une supposition aussi étrange.

—On lui a dit qu'il en était ainsi, ajouta le pasteur en rougissant jusqu'aux oreilles.

—Une telle fable, mon cher monsieur Bolmann, aurait, je crois, besoin de toute l'autorité de votre parole pour trouver quelque créance.

—Vous ne vous trompez pas, mon amie, sur la confiance qu'inspirent mon âge et mon ministère. Je pense, toutefois, qu'il serait difficile de la justifier plus mal que je ne l'ai fait aujourd'hui..., tout à l'heure. C'est moi qui ai ruiné vote fille.

—Vous avez ruiné Wilhmine...

—Oui.

—Ah mon Dieu!

—Ruiné en paroles, s'entend.

—Je cherche vainement à deviner...

—Je le crois bien.

—Vous ne parlez que par énigmes et par sentences.

—Ajoutez par mensonges.

—Expliquez-vous.

—Je suis l'auteur de la fable invraisemblable qui a mis en fuite le fiancé de Mlle Midler.

—Vous? monsieur le pasteur.

—Hélas! moi-même.

—Que dites-vous là?

—La vérité, cette fois. Je ne puis pas mentir toute la journée.

—Voyons, mon bon ami, rassurez-moi, car je crains pour votre raison.

—Craignez plutôt pour mon salut, chère madame.

—Vous n'aviez aucun motif de tromper M. Rinsbach.

—J'ai, Madame, un filleul amoureux et qui est décidé à mourir s'il n'épouse point Mlle Wilhmine.

—Quoi! la jolie poupée!...

—Oh! croyez-moi, l'on ne trouve de véritables poupées que chez les marchands de jouets.

—Je devine tout à présent! Pauvre M. Rinsbach! Vous lui avez joué un bien méchant tour.

—Je joue depuis huit jours ma petite part de paradis. Enfin, Madame, il y va du bonheur de nos deux enfants. Consentez à ce que, du moins, ils recueillent ici-bas un peu de la félicité que j'ai peut-être perdue là-haut.

—Oh! cher et excellent monsieur Bolmann, répondit Mme Midler émue, il faut s'estimer heureux de trouver encore à faire du bien après vous.

—Consentez-vous à ce que je porte un mot d'espérance aux pauvres jeunes gens?

—Oui, oui; allez goûter le fruit de votre inépuisable bonté.

. . . .

Frédéric fut père de deux beaux enfants, et nous pouvons vous assurer qu'ils ne ressemblaient en rien à des marionnettes.

Permettez-nous maintenant, très-honorés lecteurs, de mettre au bas de ce dernier article et à votre adresse un humble *vergiss-mein-nicht.*

FIN

LYON. — IMP. ET LITH. DE VEUVE AYNÉ,
Grande rue Mercière, 44.

www.ingramcontent.com/pod-product-compliance
Ingram Content Group UK Ltd.
Pitfield, Milton Keynes, MK11 3LW, UK
UKHW020440200726
13857UKWH00002B/508